「数字がこわい」がなくなる本

やればやるほど地頭がよくなる
難しい数字をシンプルにする習慣

堀口智之

ダイヤモンド社

学校で習った算数と数学は、

捨てましょう。

まずは、捨てるんです。

そして、出会ってください。

気づけば地頭すらよくなってしまう、

「数字がかわいくなる魔法」と。

まえがき

「数字(すうじ)に弱いんです」
「数字は苦手なんです」
「数字は見たくないんです」

そう感じている人も、この本なら**絶対に絶対に大丈夫**です。

「そんなこと言われても、ムリなものはムリ‼」
そう思ったかもしれませんね。
しかしそれでも、**ホントの本当に今回は大丈夫**です。

「自分は数字が苦手だ……」
そんな1万人以上の生徒のみなさんの悩みに、答え続けて得た知見をまとめたのが本書です。
だから本書を読めば、きっと人生が変わります。

ここまで私が強く言えるのには、理由があります。
なぜなら、数字が苦手だと思っている人の多くは、ただ単に**「数字を学んだことがないだけ」だから**です。
「それだけ？」と思うかもしれません。
でも、それだけです。

日本で初めて社会人専門の数字教室を始めて、2つのことに気がつきました。

まず一つ。数学や統計学ブームの裏側で、数字そのものへの苦手意識が強い人がたくさんいること。

そして、もう一つ。**数字について本当にイチから学べる場所がない**ということ。

小・中・高で学んだ算数や数学でのさまざまな公式はうっすら頭に残っているかもしれません。

しかし、それらを使えたことはあるでしょうか？　そんな人はほとんどいないでしょう。だって、**「実践的にどうすればよいのか？」という部分は、まだ教えてもらっていない**のですから。

学校の授業では、ただ用意された目の前の数字に向き合うだけでした。要は、生徒に問題を解かせるための数字です。

つまりその数字はすでに「てなずけられていた」と言えます。

しかし社会で出てくる数字は、**てなずけられていない野生の数字**です。対処法なんてわかるわけないですよね。

なのにみなさんはそのまま、ジャングルに解き放たれてしまいました。つまり、野生の数字との向き合い方を学ぶ機会がないまま、社会で「数字力」を求められているのです。

だから、**みなさんは別に悪くありません**。

ホントは「数字に弱い」というわけでもないんです。

数字に弱い人は、まず計算ができればだいぶラクになります。その計算をラクにする方法を、誰も学校で教わっていない。
だから、数字に直面したとき、漠然とした不安を感じてしまう。ただそれだけです。

私はこの状況を変えるために、**「計算からやさしく学べて、数字に強くなる」**をコンセプトにした「大人の数トレ教室」を創りあげました。「小数・分数ができない」「実は誰にも言えなかったけど"九九"が苦手」という人も、たくさん来てくれました。
私の教室の生徒の中には、企業の幹部や社長もいます。そういった方々が算数を学び直すわけです。
なぜなら、数字がよくわかっていないから。「0.1と0.2のどちらが大きいのかわからない」人も、言い出せないだけで実はたくさんいます。私はこういった生徒のみなさんに、ずっと向き合ってきました。
そして気づいたのです。本当は、**誰にだって「数字の感覚」は身につけられる**、ということに。

「こわい」数字は、「かわいく」してしまおう

では、どうやったら数字がこわくなくなるのでしょうか。
そのためにまず「どうしてこわいのか」を考えてみましょう。
そう、怪物に見えてしまっているわけです。
だから、トゲをとってあげて、ちいさくして、行動の意味にきづいてあげて、くらべてあげましょう。

そして、最後にしつけてあげれば、どうです？　かわいいペットのようになりませんか？

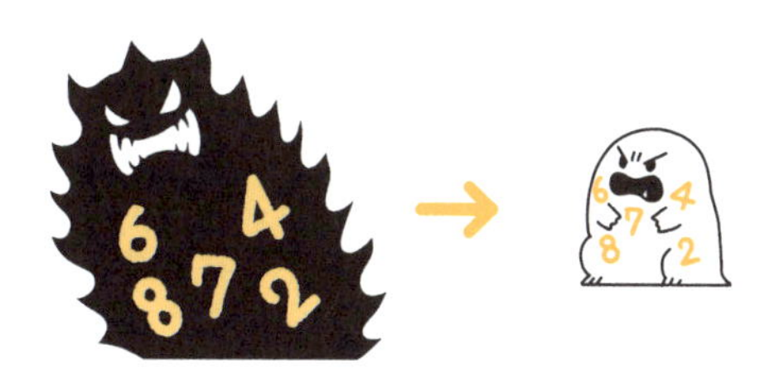

別に、あなた自身が無理する必要はないんです。

代わりに、**数字のほうを弱く、かわいくしてしまいましょう**。

たとえば450×18ってこわーい計算ありますよね。イヤな計算です。

でもこうするだけで、なんだかかわいく、答えやすくなりませんか？

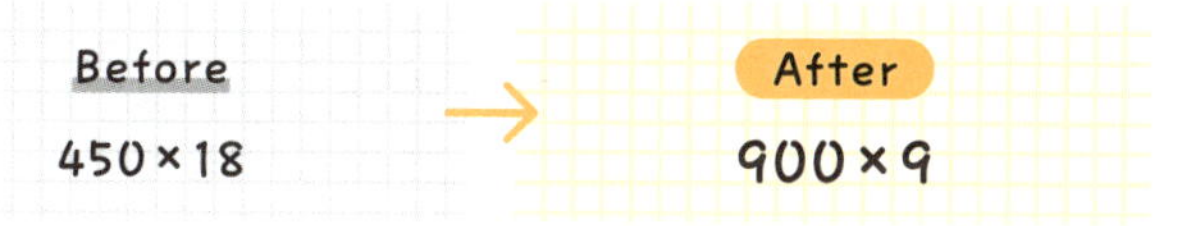

これ、答えは同じです。この本に載っている、「数字がかわいくなる魔法」を使いました。

こわい計算が実質、かわいい九九に変わりましたね。

他にも、スーパーのお惣菜が値引きされているとき、いくらなのかピンとこないですよね。

でもこれも、「数字がかわいくなる魔法」を使えば、

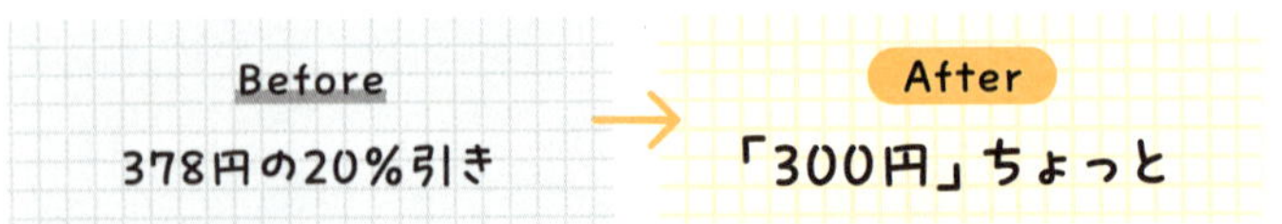

と3秒でわかります。ホントです。

そして1,000,000×10,000のような意味のわからない計算もありますね。

でも、もう0が何個あるか数えなくて大丈夫です。

「数字がかわいくなる魔法」を使えば、一瞬で

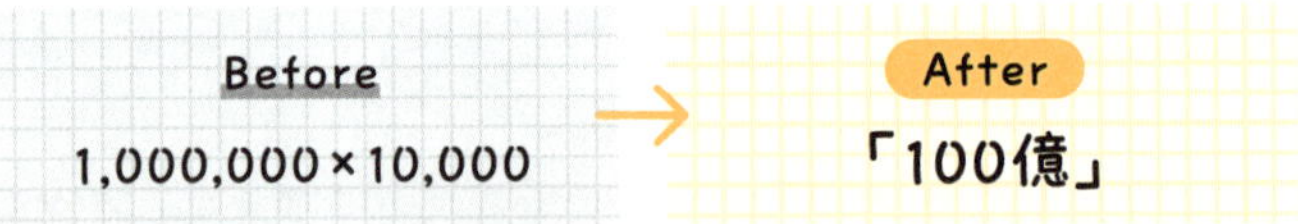

だとわかります。まるで魔法みたいですね。

その他にも、この本を読むと、次のような「こわい」計算が5秒でできるようになります。

- 4200×14%
- 2700×200
- 75÷1.5

しかも計算だけではありません。

数字がかわいくなる魔法なら、

- **大きすぎてよくわからない数字のつかみ方**がわかる。
  10万、100万、1000万、1億、10億、100億〜100兆など

- 売上が**180万円→184万円に変化したときの増加率**など、「ちょっとてごわい計算」すべてに使えるワザが手に入る。

「数字がこわい」がなくなるどころか、実質「数字に強い人」になれてしまうのです。ウソじゃありません。本当です。

やることは一緒です。**「こわい計算」を、「かわいく」するだけ。**

数字は、実は「イヤなやつ」ではありません。不器用ですが、仲間になれば、「ともに歩める」そんな存在です。

みなさんは数字はキライですか。きっとキライでしょう。中には超超超キライという人もいるでしょう。でも、その原因が「ただキライだから」「小学生の頃にイヤになった」「とにかく近づきたくない」とか、そんな理由なら、もったいないです。

別に好きになる必要はありません。**「こわい」をなくすだけでいいんです。**数字がともだちになったとき、今まで全く見えなかった景色が見えるようになります。

「こわい」が、「かわいい」に変わる。そう思えるための「**数字がかわいくなる魔法**」を本書にすべて盛り込みました。

まるで魔法のような世界での、短い旅を楽しんでください。

こわい数字が「かわいくなる」5つの魔法

本書は、みなさんに**「数字がかわいくなる魔法」**を授けます。

とてもとてもこわい「数字」。
巨大な怪物のように見えているかもしれません。
大きくて、圧倒される。とげとげしていて、近づいたら傷つきそう。全く言葉も通じない。

でも、そんな怪物も、5つの魔法を使えば、ともに歩むことができます。

1 まるめる

まずは、「まるめる」。これが一番大事です。
とげとげした部分をまるくしていきましょう。
そうすれば、近づいても傷つきません。
時に、やわらかく感じるかも。

2 ちいさくする

次に、「ちいさくして」いきましょう。
もし大きくてこわさを感じるなら、巨大な怪物をちいさくすればいいのです。

きづく

なぜ、そんな行動をとるのか。なぜそんなことになったのか。その怪物の気持ちに「きづいて」あげましょう。
ふるまいの「意味」がわかれば、愛らしく思えてきます。

くらべる

その怪物の特徴は、「くらべる」ことでよくわかります。犬や猫、ハムスター、いろいろなペットとくらべてみましょう。
数字も、くらべることで初めてその価値や面白みがわかってきます。

しつける

その怪物、実はあなたの言うことを聞きます。「しつける」ための呪文と、てなずけ方を学んでみましょう。
いつの間にか、もうあなたは数字と仲良くなっています。

ここまでくれば数字はもう、怪物には見えないはずです。
ともに歩める日はもうすぐそこにあります。

さあ、**「数字がかわいくなる5つの魔法」**を順に学んでいきましょう。

CONTENTS

CHAPTER3
数字がかわいくなる5つの魔法

1 まるめる
とげとげした数字を「まるめる」魔法

2 ちいさくする

0がたくさんある大きい数字を「ちいさくする」魔法

3 きづく

数字と会話ができるようになる「きづく」魔法

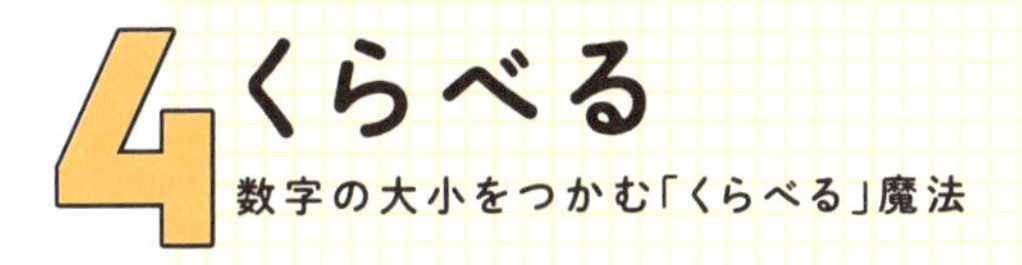

4 くらべる

数字の大小をつかむ「くらべる」魔法

5 しつける

数字を扱いやすくする「しつける」魔法

数字が
こわくなくなる
5つの新常識

みなさんは、いつも、数字とそのまま向き合っていませんか?

それ、キケンです。
みなさんはこれまで算数の教育、数学の教育を長年受けてきて、固定観念がこびりついています。
学校で習ったみたいに、数字に立ち向かってそのまま味わおうとしてはいけません。

みなさんには数字は「こわい」怪物に見えていることでしょう。
でも大丈夫。まずは相手をよく見てみることから始めましょう。
まずは、数字に染み付いている根深い常識を捨てていく。話はそれからです。

CHAPTER

数字は正確でなくてはいけない？

まず、これ、思ってしまっていませんか？

「正確さ」。算数や数学でずっと、言われてきましたよね。これ。超イヤですよね。

では、言わせてください。**ウソです、これ。**

わずか「1」でも間違えたら、「×」になってしまう学校の授業。「ダメ」「不正解」と言われてしまう経験は、大人になってもイヤなものです。

そもそも、人間は間違える生きものです。だから、計算を完璧にやろうと思ってもできるわけがないのです。

先に白状すると、私もよく計算間違いをします。

ある時、友人と「ちょうど1週間後の火曜日に食事をしよう」という約束をしました。1週間後なら単純に7日を足すだけのカンタンな計算ですね。簡単な計算ですが、間違えてしまったようです。私は17日から7日後を「23日」と計算してしまいました。正しくは「24日」なのに。

（自分のミスを棚に上げるわけではありませんが、）そもそも人間はミスをする生きものです。つまり本来、間違えないほうがおかしいのです。

それなのに、間違えないことを強要しているのが算数のテストです。まぁ学校教育にも、ちゃんと間違えずに計算する練習を通じて、論理性が磨かれるという側面は一応あります。

しかし、大人は間違えてはいけない仕事を「システム」や「仕組み」に代替するように「外注」しています。要は、間違ったらいけない計算は、電卓やパソコンに移行するわけですね。

だから、正確性は、もう捨ててしまっていいです。そもそも、人間にはムリなので。

いつも正確でなくたっていい

「それでいいのかな？」と不安になる人もいるかもしれません。
では質問です。
あなたは、**自分の所属している会社の人数を、資本金や売上高を、１人も１円も間違えずに言えますか？**
自分の今の財布にある金額や貯金額を、だいたいではなく正確に言えますか？
「言えない」と思った方が多いことでしょう。
でも、もう一つ教えてください。
「それで困ったことはありますか？」
そう。別に困っていませんよね。
だから、**それでいいのです**。
実は、正確な数字について人はそれほど把握していません。
買い物のシーンで考えてみましょう。たとえばあなたが１万円を持って買い物に行って、1,780円の品物を２個買ったとき、「合計いくらか？」を正確に知る必要があるでしょうか？
別に知らなくても、レジを通ってよいですよね。「今の所持金１万円よりも少なくなりそう」ということさえわかっていれば問題はありません。

1,780円は四捨五入して2,000円にしましょう。2000×2＝4,000円。「1,780円を2,000円ってことにしたから、1万円出しておつりは6,000円よりちょっと多いくらいかなぁ」と、それでよいわけです。

数字以外でも、そうです。正確に自分自身のこと、お金、会社、友人、パートナーのこと……すべてを完璧に知ろうと思ったらどのくらい時間がかかるでしょうか。長年連れ添っても、わからないこともあるくらいです。「正確に知る必要はない」ということに気づけば肩の重荷がふっと軽くなることでしょう。

「計算は正確でなくてはいけない」と思い込んでいる方は、固定観念をいますぐに捨てましょう。

「数字は厳密じゃなくてもよい」

まずはこれを徹底的に頭に叩き込んでください。それによって、あなたは少しずつ数字の苦手意識がなくなっていきます。

間違うくらいなら、計算しないほうがいい？

子どもの頃、親や先生に怒られてしまって算数が嫌いになった、という方も多いでしょう。「違う、そうじゃない！」「なぜこんな間違いをするんだ！」などなど、たくさんの言葉が数字嫌いを生んできました。

算数では、1でも間違えたらバツになりました。こうした経験をたくさん積んだことで「計算は間違ってはいけない」という呪縛がより強くなっているわけです。

「間違うくらいなら“計算しない”ほうがよい」……これは本当でしょうか。

「だいたいでいいから計算して」と言われたとき、不安が襲ってきませんか？

特にビジネスでは、「極力計算を自分でやらない」という人が多い印象です。「正確な値がわからないなら、自分は計算しないほうがいい」と考えている人も多いことでしょう。

「間違ってもいいから計算する」ほうがよほどいい

「間違ってもいいから計算する」ほうがいい。

まずはこれを信じましょう。間違ってもいいのです。だいたいで計算することには、実は大きな価値があります。

たとえば、「統計学」という分野は、ある意味「間違いを前提にしている学問」とも言えます。

ためしに「今、日本人がどんな商品を欲しがっているか？」のアンケート調査をするとしましょう。では、日本人全員にアンケートに答えてもらうのは現実的でしょうか。全員に聞くのは到底ムリですね。せいぜい、数百人とか数千人とかになるでしょう。

でも、数千人に聞いただけのアンケート。間違っている可能性、ぜんぜんありますよね？

でも、**統計学では間違っている可能性があっても、それをヨシとします。**その間違いを許容してしまうわけです。だって、現実的に全員には聞けないので。

冷静になって考えてみてください。たとえば、「お昼ご飯にいくらまで使えますか？」というアンケートで、「1,000円」と答える人はいても、「10万円」と答える人はほとんどいないですよね。1,000人にアンケート調査をして回答の平均が「1,000円」だったとしたら、日本人全員の平均が「10万円」になることは、「統計学的にありえない」としてしまっていいのです※。

これが、間違いを許容してざっくりとらえているということです。「だいたいの計算」いわゆる概算です。

ではこの不正確な情報には価値がないかというと、そうではありません。

データが正確に集まらない場合は、一部の人だけ調査して、その“傾向”を見ていくのです。要は、ひどすぎるミスをしなければ、多少間違えたっていいのです。

※正確には、そのデータの標準偏差も把握する必要があります。

この本を読めば**「どこまでなら間違えてもいいのか」がわかります。**「ミスしたって大したことにならない」なら、別に気にしなくていいですよね。ガンガン間違えていいわけです。……と、ここまで書いても、まだ不安になる方は多くいらっしゃるかもしれませんね。それだけ学校の授業の呪縛は強いのです……。

正確性に縛られた自分を許してあげてください。あなたが生まれながらに備えている計算の力を解放してあげましょう。

Q3 筆算が一番いいやり方ですよね？

この本では筆算は一度も絶対にやりません。私たちは「筆算」を、ずっと訓練させられてきました。筆算を使わなければ「×」になるのが学校でした。だから今も、計算問題が出たらすぐに筆算をしようとしてしまいます。

でも、筆算って、大人になると使いたくないですよね。そもそも紙に書いて計算をするのもイヤですし、頭の中の暗算で筆算を想像するのだって大変です。筆算をやるたびに、数字がちょっとこわくなります。だから、**筆算は、今すぐやめてください。**

A 筆算はごみ箱に捨てる

ちなみに、筆算は、暗算に向いていません。理由は3つです。

1 下1ケタから計算しようとしてしまう

下1ケタから計算することに意味はありません。たとえば、

- 101円と、102円の間違い
- 101円と、201円の間違い

を比べてみてください。どちらのほうが重大ですか？　答えはすぐにわかりますよね。

私たちはつい、学校で習った通りに下1ケタ目から計算をしてしまいます。**今後は、計算は頭の数からやってください**。なぜなら、**一番重要なのは頭の数**だからです。

2 脳に置ける数字の数には限界がある

脳内に数字を並べるのは、難しく感じませんか？

学校で「2ケタ同士のかけ算の筆算」とか練習させられましたよね。あれもいりません。**すぐにでも忘れてしまってOKです。**

2ケタ同士のかけ算を頭の中でやろうとすると、かえって混乱して答えを出せなくなります。なぜなら、覚えることが多すぎるからです。そうなれば、頭の中は大混乱。

3 暗算の工夫をせずに形式にとらわれてしまう

世の中の計算は、ちょっと式を変形するだけで簡単になるものばかりです。しかし、ついつい習った「公式」に当てはめて計算しようとする方が多いです。もっといい方法があるにもかかわらず……。

それでも、暗算する時に筆算にこだわる理由はただ一つ。「子どもの頃にそう習ったから」「使いづらいけど、どんな計算も対応ができるから」に、他なりません。

でも、難しいのでやめましょう。この本では筆算よりもラクな「いつでも使える計算法」に絞って紹介します。

代わりに必要なのは「**数字がかわいくなる5つの魔法**」、それだけです。

Q4 計算は電卓やExcelに全部任せたほうがいい？

「計算は、電卓やExcelに任せるべき」

　素晴らしいご意見です。たしかにおっしゃる通りで、計算そのものをちゃんと正確にやろうとするなら、電卓、Excelに任せるべきです。これは間違いありません。

　しかし、**電卓やExcelに頼りきることは間違っています**。理由は一つ。「**その計算結果の意味を理解できないから**」です。

　一つこれを説明するのにぴったりな言葉をご紹介します。それは「GIGO（ギーゴ）」。これは「ゴミを入れれば、ゴミが出てくる（Garbage In, Garbage Out）」の略語です。

出てきた数字を判断するのは人間の仕事

　たとえば、数百円の買い物をして、1,000円札を出したのに、お釣りで１万円が返ってきたらどう思いますか？　明らかにおかしいと気づきますよね。

　でも実は、このような事例が結構見逃されているのです。

　たとえばExcelを使って「マッサージサービス利用者の平均年齢」を算出したら、「95歳」と表示された

とします。年齢、かなり高いようですが……。実は、これ、GIGOになっているかもしれないわけです。

Excelで「年齢」の列に各データを手で入力するとき、本来は、

「43」「Enterキー」「68」

と入力すべきところ、途中「Enterキー」を押し忘れて、セルに

「4368」「Enterキー」

と入力してしまったらどうなるでしょうか。平均値はグッと上がってしまいます。しかし、大量のデータを管理しているとそのおかしな年齢に気づかないこともあります。その「おかしいデータ」で平均を取ると、意味のない値が出てしまいますね。

	58
	42
	4368
	49
	⋮
	⋮
平均	95歳

	58
	42
	43
	68
	49
	⋮
平均	52歳

ここで、**「このデータはおかしい」と気づけるかどうかが重要**です。平均が95歳ならさすがに気づけるかもしれませんが、「73歳」みたいな微妙にありそうな数字だと気づけないかもしれませんね。残念ながら、「数字が苦手な人」は気づけません。なぜなら、出てきた計算結果にピンときていないからです。

電卓でも、あなたが入力ミスをして数字（0〜9）や演算（+、−、×、÷）を間違えたら、違う結果が出てきてしまいますよね。

つまり、**「計算結果が出ること」と、「その計算結果を信じるかどうか」は、別問題**ということです。

計算式の入力を間違えば、結果はゴミになります。つまり、ゴミを入力した先には、ゴミの結果しか待っていません。

コンピュータは、入力されたものを元にして出力するだけなので、その前後はきちんと人が判断する必要があります。つまり、人間がやるべきなのは、正確な計算ではなく、**「ざっくりこれくらいだろう」という感覚を持つこと**です。

でも、そのために必要なのは、筆算ではありません。たとえば、ふっと１秒か２秒、せいぜい**10秒以内で計算できるざっくりとした暗算**です。

AIで代替できるようになる部分もあるかもしれません。しかし、すべて解決できるわけではないことは、知っておきましょう。

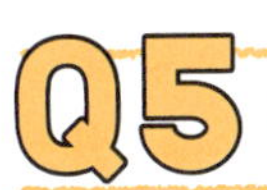

Q5 数字に強い人に任せれば生きていける！

「信用できる人がいて、数字は任せています」

よく耳にします。信頼できる数字に強い人がいるのは、本当に素晴らしいことです。「お金の管理は全部パートナーに任せている」「職場にいる数字に強い人がやってくれる」という人もいるでしょう。

しかし、それは永久に続くものでしょうか。

実は、アメリカのある調査では、パートナーのうち４人に１人が現金を隠したり、こっそり何か購入したり、請求書を隠したり、収入額についてウソをついたりした、などの経験があると言われています。**「任せる」というのは本来、そういった裏切りも含めて任せる、ということです。**

A ダマされないくらいの「最低限の数字力」を持とう

お金について詳しい専門家に相談をしている人もいるでしょう。ただ、そういった人も仕事として請け負っているわけで、どんなにいい人であっても、色のついた提案をする可能性はゼロではありません。

自分の店に入ってきた人に対して、「うちの商品は買わないでください」と接客する人はいませんから。あらゆるアドバイスには少なからず色がついているわけです。

それに、その数字に詳しい人も、当然ミスをすることがあります。ずっと一緒に暮らしている夫婦ですら、相手のことを完璧に理解できないのですから、数時間から数十時間コミュニケーションをとったぐらいでは相手のことはわからないのです。

ではどうすればよいのか。それは、その人の判断を理解できるくらいの**「最低限の数字力」を持つこと**です。

特にビジネスにおいては、上の役職になるほど「数字が苦手」では済まされません。部下に仕事を任せて大きな数字の間違いを犯したのであれば、そのチェックができなかった上司のマネジメントミスとなりますよね。

仕事のできる上司ほど、数字で考え、数字で評価し、決断します。誰かに任せるのはいいにしても、任せきるのはやめておきましょう。**数字に強くなるのは、自分の身を守るため**でもあるのです。

　ちょっと耳が痛い話をしてしまいましたね。
　しかし、ここまで読んでくださったみなさんは、少なからず「数字に強い人」になりたい、ならなければいけないと思いはじめたのではないでしょうか。
「それでも、そんなの到底ムリだよ……」
　そう思ってしまった「数字がこわい」方に朗報です。
　なぜならこの本に載っているのは、
　数字に弱い人でもできる、数字に強くなる方法
だからです。
　次の章では、その方法を紹介していきます。

「数字がこわい」がなくなる2つのステップ

STEP 1 難しい計算をやらないで、ラクな計算だけを続ける

STEP 2 頭がごちゃごちゃしないので、余裕ができる

数字に弱い人

数字に強い人

CHAPTER

難しい計算はやらなくていい

「いきなり計算なんてできない」
「計算とは仲良くなれない」
こう思っている方も多いのではないでしょうか。
安心してください。
この本では、楽しくない計算はやりません。
信じられないかもしれませんが、これは本当です。
この本の計算は、**できるだけ1ケタを中心に**しています。多くても2ケタです。
「それで本当に数字がこわくなくなるの？」
「難しい計算をしないと、数字に強くならないんじゃないの？」
そう思うかもしれませんね。
断言しましょう。**難しい計算はいりません。**
難しい計算をしないままで、数字がこわくなくなる。
それが**「数字がかわいくなる魔法」**なのです。

ラクな計算法を作り続けたら、数字に強くなった

実は私も面倒な計算はキライです。正確さを求められる計算は、ほんと嫌になります。筆算は特にキライです。「大人向けの数字教室をやっているのに、なんで？」と思うかもしれませんね。
でも、私は「計算」そのものは好きでした。だからこそ、「もっとラクに計算するには？」や「こんな計算方法もあるのでは？」

と、効率的な方法やその裏技をひたすら追い求めてきました。「ラクなのに難しい計算ができてしまう計算法」を見つけていくうちに、気づけば、「数字に強い人」になってしまったのです！

別にめちゃくちゃ地頭がいいというわけでもなかった私が、気づけば数字の道のプロになることができました。

「カンタンな計算をうまく組み合わせて、難しい計算をする」

これが、「数字がかわいくなる魔法」の正体です。

「数字に強い人」は、ラクな計算しかしていない

実質「数字に強い人」になった後で気づいたことがあります。

それは、実は「数字に強い人」たちは、**この「数字がかわいくなる魔法」を無意識のうちにマスターしている**、ということです。

どういうことか、説明しましょう。

数字に苦手意識がある人、つまり数字がこわい人は、計算を「正確にやろう」として、筆算などで正面から挑みます。そして、人間の脳のキャパシティを超えて、撃沈してしまいます。

しかし数字に強い人は、そういった計算を全力でサボります。**要領がいい**のです。

たとえば冒頭で紹介した450×18という計算はどうでしょう。

ムリですね。しかし数字に強い人は、この計算をこんなふうに変えてしまいます。

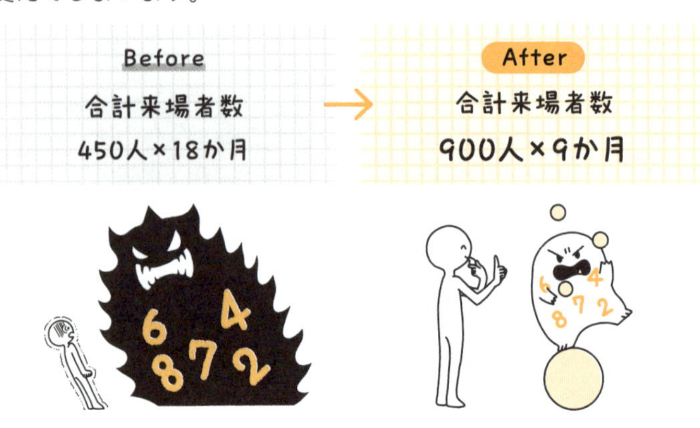

これ実は全く同じ計算です。答えは8,100人ですね。9×9なので。難しそうな計算が、実質九九に変わっています。

「数字に強い人」は、こうやって、**自分が無理なくできる計算にうまく持ち込んでいます**。ちょっとした工夫で、強そうな数字をてなずけているのです。

では、ここでいよいよ「数字がこわい」がなくなるための3つのルールを紹介していきましょう。

まとめ

数字に弱い人

人間のアタマが「苦手な計算」に正面から挑んで、撃沈してしまう

数字に強い人

人間のアタマで「無理なくできる計算」に持ち込んでてなずける

RULE

「数字がこわい」がなくなる3つのルール

できない問題は、やらなくていいです

まず、**できる問題だけを解いてください。**計算が苦手な人は、たいてい、難しい計算にチャレンジしすぎています。

「難しい計算じゃないのにできないんだよ！」と思うかもしれませんね。しかし、難しいかどうかは、あなたが決めるものです。**自分が見て「難しい」と思ったら、それは難しい**のです。

できないものはやらなくて構いません。むしろ、やらないでください。

理系の人や計算が得意な人からアドバイスは受けないでください。なぜなら、難しい問題を「カンタン！」と言われてしまうことがあるからです。

難しいと感じたら、チャレンジしなくてよいのです。まずはできそうな問題だけを選んでやってみてください。

1ケタの足し算と九九だけはお願いします

とんでもない計算力が必要というわけではありません。

お願いしたいのはごくごく一部だけ。まずは1ケタの足し算とかけ算（九九）です。

8+7　1ケタの足し算
4×6　1ケタのかけ算

まずはこの計算を、間違えないようにできるようになるとよいでしょう。

ちなみに私の社会人教室では、まずは「百ます計算」をやります。実はこれをやるだけでも、計算力は上がります。

これができれば、準備は完了。後は本書の方法を実践していけば、計算による大きな間違いはなくなります※。

大切なので、もう一度。必要なのは、高度な計算力ではありません。もう、頭の中で3ケタ以上の足し算・引き算をしたり、筆算で3ケタ以上の数をかけ算・割り算したりすることはやめましょう。

いきなり難しい問題をやろうとして失敗しないでください。2ケタの足し算が苦手なら、別にやらなくていいです。**できないところがあったら飛ばしてください。で、できるところをもう一回読んでください。**

「できる問題だけをやる」そして、**「できない問題は、やらない」**

これだけは私と約束してください。本当によろしくお願いします。

※2ケタの計算ができるようになると、かなり世界が広がります。余裕のある方は、そこまで試してみてください。

数字は絶対に、そのまま扱ってはいけません

そうは言っても、「計算自体、苦手……」という人もたくさんいますよね。数字を見た瞬間に「わっ」となって頭が止まってしまうわけです。

たとえば、1,970,456円。「ひゃくきゅうじゅうななまん、よんひゃくごじゅうろく円」です。楽しいですか？　あ、「楽しくない！」という声が聞こえてきました。でもこうするとどうでしょう。

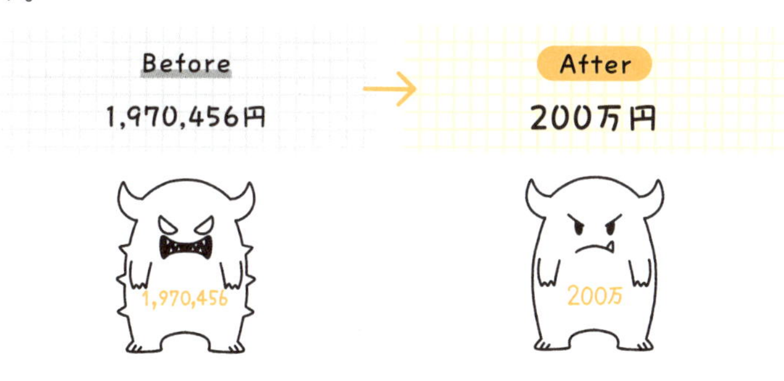

少しおだやかに感じませんか。だいたい同じ数字ですね。この本ではこのように一見難しそうに見える数字を、カンタンに変えるテクニックを紹介していきます。

さらに200万円をちいさく分けてみましょう。200万円はいったん200円としてあとでケタをそろえればいいですね。ちなみにこの本を読めば200万円のような大きい数字も実質200円として計算してもよいということがわかってくるはずです。

しかも、なんと最終的には数字すべてをこんなふうに扱えるようになります。

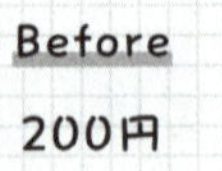

After

おにぎり1個分

細かいことは置いておいて、こうできたらだいぶラクですよね。なんだか、急にわかりやすくなってきませんか？

難しい数字は、必ずてなずけてから触る

数字は、そのまま扱ってはいけないのです。

数字に弱い人は、難しい数字をそのまま扱って撃沈しています。しかし、**数字に強い人は、そのまま数字を扱いません**。**カンタンに計算できるようになるまで、計算はしない**のです。まず、**「数字をてなずける」習慣**、これを身につけてください。

「数字がこわい」がなくなる3つのルール

得体の知れない計算はしないでください

最後の一つ、これ、とても大事です。

計算の意味を把握し、言葉にしてみてほしいのです。

計算の意味がわからないと、とんでもない間違いをしてしまうことがあるかもしれません。そもそも得体の知れないものって近寄りがたくてこわいですよね。

本来、**計算は「意味」があるもの**です。計算が苦手な人は「**この計算はどういう計算なんだろう？**」とゆっくり考えてください。そして計算の結果が出たら、「**この数字にはどういう意味があるのか？**」をよく確かめてください。せっかく計算しても、出てきた数字の意味がわからないと、ますますこわくなります。

ここで、私が創業した会社の資本金を紹介しましょう。「3,141,592円」です。どうでしょう。覚えられないですよね。

無造作な数字に思えますが、口に出して読んでみてください。

「さんびゃくじゅうよんまん、せんごひゃくきゅうじゅうに」円

あ、違います。そうではなく一つ一つの数字と文字を読んでください。

「さん・てん・いち・よん……」

そう、円周率3.141592……です。どうしても数字にちなんだ資本金にしたくて、点の位置もこうなるように調整しました。

なんて話を聞いたら、どうでしょう。**もうこの数字、忘れにくいですよね？**

計算の「意味」を言葉にする

人は、ストーリーを味わうと、脳裏に焼き付きます。数字の意味を理解することで、記憶しやすくするわけです。

特に大人は、意味がよくわかっていないものを無理やり楽しくやろうとしてもなかなか楽しいと思えるようになりません。

だからこそ、意味を考えて、役立てるようにしてみてください。

そうすれば、あなたは数字がこわくなくなっていきますよ。

数字を見たら、必ずこの3つのルールを守るようにしてください。

これが最初の一歩です。まずは、この3つのルールを頭に叩き込んでください。

このルールを守りながら、「数字がかわいくなる5つの魔法」を使えるようになれば……誰でも必ず、数字がこわくなくなる時が来ます。

3つのルール

1. できない問題は、やらなくていい
2. 数字は絶対に、そのまま扱わない
3. 得体の知れない計算はしない

2 ラクな計算をしていると地頭がよくなる

さらに、計算をしつづけて気づいたことがあります。それは、**計算をすると、地頭がよくなる**ということです。

計算をサボる工夫をしつづけていると、**実は思考力が伸びる**のです。ウソみたいに聞こえるかもしれませんが、他ならぬ私自身が効果を実感したので間違いありません。なぜか？

たとえば、あなたの周りの頭のいい人を思い浮かべてみてください。きっと、その人は、人から質問されたときにパッとうまい答えが出てきたりしますよね。

実は、機転の利く人のほとんどは、ほぼ反射的に反応しています。その場でいろいろなことを考えているわけではありません。質問を聞いた瞬間に、過去の記憶や以前に考えていた情報などと瞬時につなぎ合わせて答えを出しているのです。

つまり、地頭がいい人は、頭がよいから考えられているのではありません。**無意識的に答えが出る領域が広いから頭がよい**のです。以前に考えていたことが瞬時に脳内でつながるから、あの速さで答えにたどり着くわけです。無意識の力が強いのです。

（ちなみに、「昔そろばんを習っていた人」がやっていたのは、計算の分野における「無意識の拡張」です。ただ、そろばんを使うほどの計算能力は不要です。九九や四捨五入をするのに、そろばんは不要ですから※）。

※大人になってからのそろばんの学び直しはオススメしていません。なぜなら、頭の中にそろばんの珠が浮かんで勝手に計算してくれるようになるまでものすごく時間がかかるからです。

難しい計算をすると、頭が疲れてしまう

人間は考えなければならないことが多ければ多いほど結論を出すスピードが遅くなります。

しかし、**考える領域がとても狭ければ一瞬で答えを出せます**。

これは「身体」で考えてみるとわかりやすいです。生まれた瞬間から歩ける人はいません。歩く前に、ハイハイ、ヨチヨチ歩きなど、順番があるわけです。

これは本人のスキルや能力の問題ではなく、単純に成長プロセスの問題です。歩くためには、足の力の入れ方や、体重移動、バランス感覚などいろいろな物事を考えなければなりません。最初はきっと赤ちゃんは頭をフル回転させて、その一つ一つの動作を意識していることでしょう。でも成長するにつれて、身体の使い方を練習し、少しずつ無意識にできるようになるわけですね。

大人で言うと、料理などもその代表例ですね。最初は食材の切り方すら分からずに頭を使いますが、だんだんと無意識のうちにすべての作業ができるようになっていきます。

「無意識」を使うと、頭に余裕ができる

このように、無意識でできるようになったことは、すぐに答えを出すことができます。

しかし数字が苦手な人は、計算が無意識の領域にありません。

だから、ものすごい意識を向けながら計算しているのです。

ゆえに、大変で、時間がかかる。計算が苦手な人は、「計算しなきゃ」と計算で頭がいっぱいいっぱいになってしまっていて、それ以上考えることができなくなっているわけです。

みなさんが「数字がこわい」のは、わざわざ意識して計算をしているから。**考えながら計算をしているから、大変**なんです。

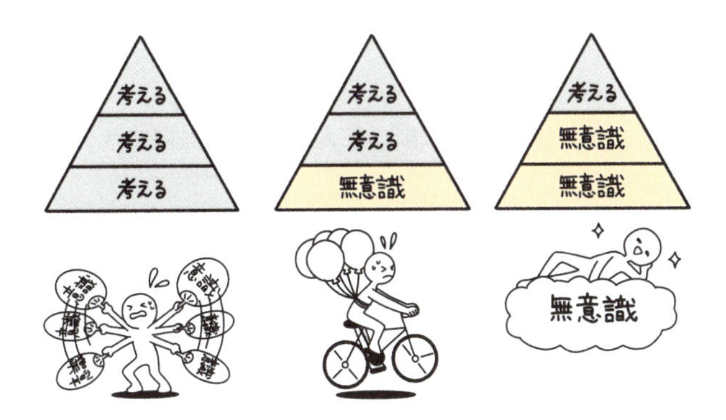

地頭がいい人は、もはや頭を使っていません。

だから、目指すことは一つ。計算をできるだけ**「無意識の世界」に放り込むこと**です。

「無意識の世界で計算する力」が手に入れば、新たな思考の源を確保できます。そんなスッキリした頭で考えられたら、モヤモヤ

が一気に晴れて、グンと気持ちもラクになります。

計算が無意識になると、頭に余裕が生まれます。物事をしっかり考えるための領域に、自分の力を注ぎ込めるのです。

さあ、これまでの常識を捨てて、新しい知識を身につける準備はできましたか？

まとめ

数字に弱い人	数字に強い人
「計算しなきゃ」と意識を向けて計算しているから、頭が疲れてしまう	無意識にできる計算しかしないから、頭がスッキリしている

COLUMN

九九を忘れてしまった人はどうすれば？

ちなみに、九九を忘れてしまった、という人は、可能な限り覚えることをオススメします。でも、絶対に覚えなくてはいけないわけではありません。覚えるのがもう苦痛……という方は、むしろ全く覚えないほうがよいです。

実は、忘れてしまったという人でも、7の段は言えなくても、4の段は言えたり、小さな段なら言えたりする人が多いです。であれば、7の段は、7×4→4×7と数字を入れ替えて覚えるというのも一つの手です。工夫しながら計算を楽しみましょう。

数字が
かわいくなる
5つの魔法

1

まるめる

2

ちいさくする

3

きづく

4

くらべる

5

しつける

CHAPTER 3

本書の使い方

本書では、１ケタの足し算と「九九」ができれば誰にでもできるワザを紹介しています。

ただ、本書の「数字がかわいくなる魔法」をより詳しく説明するために、それ以外にも次の計算を使用しています。

- 15＋37　2ケタの足し算
- 75－42　2ケタの引き算
- 24×3　2ケタ×1ケタ
- 54÷6　2ケタ÷1ケタ

ここまで習得すれば、世の中のあらゆる計算問題が解けるようになります。中には２ケタの計算ができないと難しいものもあります。特に難易度の高いものは、見出しに「CASE」とつけています。これは、「数字がこわい」人は読み飛ばしても問題ありません。

２ケタの足し算ができるようになりたい、という人は、まずは１ケタの足し算を練習してみてください。１ケタの足し算と「九九」ができる人であれば、こういった計算も必ずできるようになります。

この本でお伝えしていくのは正確に計算をする方法ではなく、ざっくりの「概算」でだいたいの答えをつかむワザです。だから、本当にこれだけで十分です。

ざっくりで計算して答えを導く、それさえできればいいのですから。

1

まるめる

marumeru

とげとげして近寄りがたい。

なら、まるめましょう。

Before

これまで

数字はちゃんと
最後まで読む

→

After

これから

数字をまるめよう

とげとげした数字を「まるめる」魔法

数字はいつも正確じゃなくていい

「1,943,082」

この数字を見たとき、どう読んでいますか。

指でケタを数えた後、「194まん、3082」って言っていませんか。

そのとらえ方、もうやめてしまいましょう。

ざっくりと、数字をまるめてみませんか。

ちなみに、「まるめる」とさっきの数字は、

「200万」

に変わります。さっきと比べて、どっちが簡単ですか？

Before		After
1,943,082	→	200万

「こんなことやっていいんですか？」と気になる方もいることでしょう。いいですか。**全く問題ありません。**

予告しておくと、この章を読み終われば、「数字がこわい」がほぼすべて消え去ります。本当です。

細かい数字はどうでもいい

想像してみてください。数字を判断に使うときを。

たとえば、あなたの買おうとしている商品が1,780円なのか、1,798円なのかで買う・買わないは変わりますか？　**別に変わらないですよね？**

それが答えです。**「決める」ことを目的にするなら、細かい数字はどうでもいいのです。**

であれば、頭の数とケタ、せいぜい上から2ケタ目を読めばよいだけです（上から3ケタ目を四捨五入）。1,780円であれば、1,800円でいいでしょう。

大丈夫です。気にしている人は本当に少ないですから。

問題

［例］1,943,082

上から２ケタ目を四捨五入 （頭の数のみになるように四捨五入）	1,943,082 → 200万
上から３ケタ目を四捨五入 （上２ケタのみになるように四捨五入）	1,943,082 → 190万
上から４ケタ目を四捨五入 （上３ケタのみになるように四捨五入）	1,943,082 → 194万

資料に書かれた数字を口頭で報告する場面では、主に、四捨五入を活用して問題ありません。いちいち資料に書かれた数字を最後のケタまで読まなくて大丈夫です。

数字に強い人は、正確な数字にこだわらない

すごく大事なことを言っておきます。
「まるめる」は、これから紹介する５つの魔法の中で、一番シンプルで、かつ最強の魔法です。

断言しましょう。この本ではこれから「数字がこわい」がなくなるためのさまざまな魔法を紹介しますが、正直、「まるめる」さえできればだいぶ数字がこわくなくなるはずです。**まずはこの「まるめる」からやってみてください。**正確にわからなかったとしても、物事はまるくとらえてもよいのです。

まるめると、やわらかくなります。複雑だったものが、シンプルになります。シンプルになることで、余計なものを覚える必要がなくなり、脳のキャパシティが増えます。

まるめることで共通点がわかり、違いもよりわかるようになる

のです。
　これは、**「数字に強い人」が無意識にやっていること**でもあります。こうして「数字に強い」考え方をすることで、徐々に物事を数字でとらえる習慣がつき、**地頭がどんどんよくなっていきます。**

まるめる魔法

- **数字をそのまま読んではいけない**
- **「まるめる」と、脳のキャパシティが増える**
- **「まるめる」はシンプルにして最強の魔法**

間違えてはいけないのは「ケタ」「頭」だけ

会社の資料のデータの数字が、次のようにほんの少し間違っていたとき、誰か気づく人はいると思いますか？

A.本日の売上高:178,456円
B.本日の売上高:179,456円

わずか1000円異なるだけですが、これを会議で報告したときに気づける人はいそうでしょうか？

ズレはほんのわずかです。おそらく気づける人はいないでしょう。どちらも18万円くらいです。

ただし、次だとどうでしょうか。

A.本日の売上高:178,456円
B.本日の売上高:　17,845円

これには気づけそうです。ズレが大きいと印象はだいぶ異なりますね。

このような**「気づけるズレ」は、絶対にやってはいけません。**逆に、気づけないズレは、それが許されるシチュエーションであれば、**特に問題は発生しません。**

「1,943,082円」

許されない間違い（絶対NG） 1,900万・19万・290万・140万　など

許される間違い 200万・190万・194万・194万3000　など

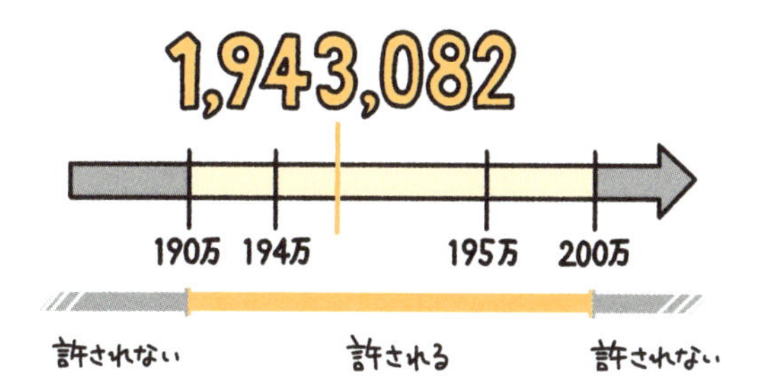

この違い、わかりましたか？

許されない間違いのほうは、**「ケタを間違えている」「頭の数を間違えている」。この2つはやってはいけません。**

ケタ間違いは、頭の数の間違いよりも絶対にやってはいけないミスです。ケタを間違うことによって、宇宙船は落ちますし、会社は倒産します※。

ビジネスにおいてもケタ間違いで損害を出すのは簡単です。2,000万の請求書を200万円に書き換えてみてください。会社には1,800万の損害が発生します。逆に増やして20,000万円＝2億円の請求書を出してみてください。信用問題になりますね。ケタを間違えて資料を作成したら、一発アウトになります。逆に194万3082円と194万3081円を間違えても、会社は倒産しないでしょう。

※1999年に、火星探査機であるマーズ・クライメイト・オービターが単位の計算間違いによって墜落しました。4倍以上違った計算結果を出してしまったのです。これにより、130億円を超える損害が出ました。

数字は必ず「まるめて」から向き合おう

どんどん「まるめて」から数と向き合っていきましょう。

しかし、ここで不安になる方は多いです。「本当に四捨五入なんてしちゃっていいんですか？」とよく聞かれます。

私は何度も答えます。「してもよい」と。たしかに、わずかなズレが大きな金額になる場面もあります。たとえば4,950万円の家を買う場合。これはだいたい5,000万円ですが、4,950万と5,000万の差額50万円を払うかどうかは、非常に大きいですよね。**こういう時だけ気をつければよい**のです。

実際、何度「ざっくりでよい！」と言っても、電卓で最後のケタまで報告することがクセになっている人はたくさんいます。しかし、一番大事なのは、**ケタと頭の数**です。逆に言えば、それだけ見れば**他は間違っていても大丈夫です！**

細かい数字のミスについて気にする人に限って、ケタのミスをやってしまっているケースが数多く見受けられます。これは本当にもったいないです。

最後のケタまで計算するクセは直してください。それよりも重要な**ケタと頭だけ絶対に間違えない**、という気持ちで取り組みましょう。

まるめる魔法

- 「ケタ」「頭の数」だけは、間違えないように

大きい数字は日本語でまるめよう

「千・百万・十億・一兆」算

1,267,893,357(千円)

さて、ここで強敵の登場です。
「無理」「こわい」「見たくない」って思いましたよね。
(というか、なんでカンマって3つで区切るんだよって思いません?)

でも「まるめる」をうまく使えば、こういった**大きすぎる数字**もつかむことができるようになります。

地頭のいい人はこの数字をありのままでパッとつかんでいるように見えますが、実際はそんなことはありません。**「まるめる」を駆使しています**。そして、「ケタ」「頭の数」だけは間違えないように、気をつけているのです。

そもそも、大きい数が出てきたら、正確に読もうとしてはいけません。トヨタの売り上げを最後の1円単位まで把握している人は、株主でもほぼ誰もいないでしょう※。

新聞やネットなどのニュースには、大きい数字がたくさん並びます。それこそ、「億」「兆」も使われますね。日本の国家予算となれば100兆円規模となり、アメリカのGDP(国内総生産)となれば4000兆円を超える計算になります。

大きい数字と言うと次のようなものですね。

※そもそも決算書には百万円単位で通常記載されているため、10万円以下の数字は確認できません。

- 1,000　千… Thousand（サウザンド）
- 1,000,000　百万… Million（ミリオン）
- 1,000,000,000　十億… Billion（ビリオン）
- 1,000,000,000,000　一兆… Trillion（トリリオン）

0がたくさん並んでいます。これを1秒、2秒で読めますか？とても難しいですよね。そもそも、0を3個ずつカンマで区切ると読みづらいですよね。英語の読み方に合わせているので、日本人には読みづらいわけです。

こういった大きい数字をつかむための第一歩を紹介しましょう。

カンマを攻略する「千・百万・十億・一兆」算

では、どうすればよいのか。

日本の言葉を使いましょう。だって日本人ですから。

すでに「万」や「億」という単位が書かれているならすぐにパッと読めますね。だから、まずは次のページの呪文を5回唱えてください。

「千、百万、十億、一兆」
（せん、ひゃくまん、じゅうおく、いっちょう）

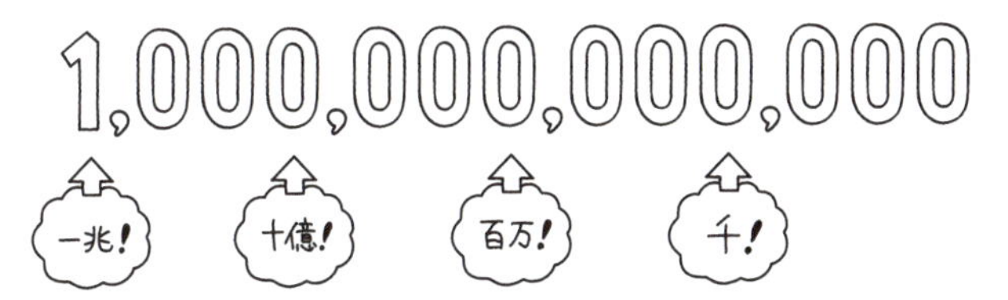

唱えましたか？　そうすればもう大丈夫です。（ちなみに、千→百→十→一と、「万」や「億」の前についている漢数字は一ケタずつ小さくなっていきます。法則を知れば少し覚えやすくなるでしょう）。

問題

1,000,000

解法 カンマが2個あるので、「千、百万」となります。答えは100万です。

0を1個ずつ指で押さえながら読むのはもう終わりです。

問題

10,000,000(千円)

解法 カンマ1個分を省略して（千円）、あるいはカンマ2個分を省略して（百万円）と記載することがあります。例2は、（千円）と記載があるのでカンマ1個分が省略されていますね。つまり、0が3個分省略されています。

後は、「千、百万、十億」と読んでいきます。

十億まで読んだら、あと0が1個分大きいことがわかりますので、十億の次、ということで百億になります。

練習問題

10,000,000,000,000

解答 千、百万、十億、一兆まで読んでから、次に0が1個分だけあるので、十兆となるわけですね。

これからはカンマを見かけるたびに「千、百万、十億、一兆」と唱えるクセをつけましょう。それだけで少しずつ、数字に強くなっていきます。

まるめる魔法

- 「千、百万、十億、一兆」を九九みたいに唱える
  「千・百万・十億・一兆」算
- 大きい数字は、まず日本語に直す

数字は全部
四捨五入・切り捨て・切り上げる

数をまるめるためには3つのやり方があります。

「四捨五入」「切り捨て」「切り上げ」です。どれも重要です。

一番よく使うのは、四捨五入ですが、切り捨て、切り上げもそれぞれ活用できるシチュエーションがあるのでお伝えしていきます。今回は、先ほどの

「1,943,082」

に注目しながら見ていきましょう。

四捨五入、切り捨て、切り上げのいずれにもメリットとデメリットがありますが、一番よく使うのは四捨五入です。なぜなら、丸めた時に一番数字のズレが少ないからです。

ただ、場合によっては切り捨てや切り上げが有効なときもあります。次のページの表に、それぞれのやり方と役に立つシチュエーションを載せていますので、さらっと眺めてみてください。それでもわからなければ、**「とりあえず四捨五入！」**くらいの気持ちで大丈夫です。

四捨五入

5を基準にして、より近い方のキリのいい数にします。数字をまるめる方法の中で一番よく使います。

やり方

四捨五入するケタの数字が0～4なら、そのケタ以降を切り捨てる。つまり、そのケタ以降の端数を0にする。
四捨五入するケタの数字が5～9なら、そのケタを切り上げる。つまり、そのケタ以降の端数を0にして、1つ上の位に1を足す。

表現法

「1,943,082」⇒「200万」（上から2ケタ目四捨五入の場合）
- 上から2ケタ目が9ですので、9を四捨五入します。
  今回は9ですので、切り上げます。つまり、2ケタ目以降の数字を0にしてから、上のケタに1をプラスします。

メリット

最もバランスがよい。誰もが納得する形でズレを最小化できる。

デメリット

計算するのに時間がかかる。

切り捨て

その数よりも小さくなるように数をまるめます※。
最も速く数をまるめる方法。スピードを求めるなら、切り捨てることが大事。
他にも、より少なく金額を見せたい場合などに活用することがあります。

やり方

切り捨てるケタの数字がいくつであろうと、そのケタ以降の端数を切り捨てる。つまり、0にする。

表現法

「1,943,082」⇒「100万」（上から2ケタ目切り捨ての場合）
- 上から2ケタ目である9を含むそれ以降の数をすべて0にします。

※本書は正の数を前提に解説していますが、マイナスの数字の場合は、大きくなります。

メリット

数字をまるめるスピードが最も速い。

デメリット

切り捨てるケタの数字が7、8や9など大きい数字の場合、ズレが大きくなってしまう。

役立つシチュエーション例

- 資料の数字「768,149 円」を 76 万円と読めば、最速で読むことができます。
- スポーツの計測タイムが 9.86 だったとき、上から 2 ケタ目（小数第 1 位）を切り捨てて、「9 秒台」と読むことで、「10 秒を切った」という事実を明確に伝えられます。

切り上げ

その数よりも大きくなるように、数をまるめます。
ある金額より大きい額を用意したほうがよい場合などに使われます。

やり方

切り上げるケタ以降に端数がある場合、そのケタ以降の数字を 0 にして、1 つ上のケタの数字に＋1 をする。

表現法

「1,943,082」⇒「200 万」（上から 2 ケタ目切り上げの場合）
上から 2 ケタ目以降の端数（94 万 3082）をすべて 0 にしてから、上のケタに＋1 をします。

メリット

その数字以上の何か（お金、時間……）を用意したい場合に使えば、「不足」にならない。

デメリット

切り上げるケタの数字が 1 や 2 など小さい数字の場合、ズレが大きくなってしまうことがある。

役立つシチュエーション例

- 4 時間 12 分かかる作業。切り上げて、5 時間見ておけば作業が終わると予測。
- 想定では 25000 円ほどかかりそうなレストラン。予想外の支出があったとしても、3 万円財布に入っていたら支払えそうです。

とげとげした数字は全部「強」と「弱」に変えてしまおう

数字をまるめるもう一つの方法として「強」「弱」があります。「強」と「弱」を使いこなせれば、ズレと仲良くなることができます。

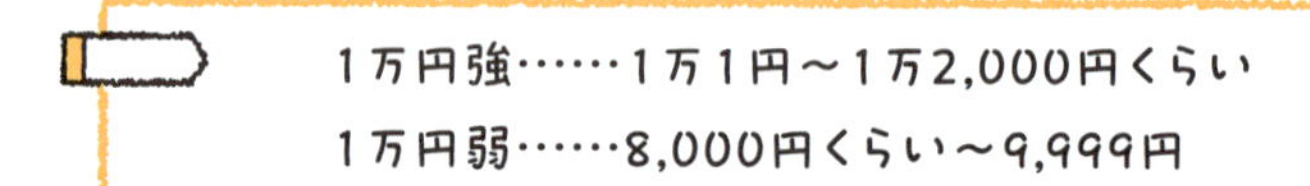

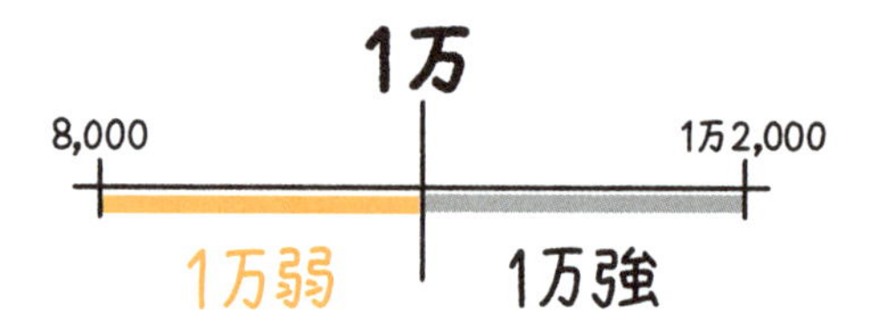

1万円よりも若干高い場合、「1万円強」と表現できます。また、1万円よりも若干低い場合「1万円弱」と呼びます。

“くらい”と言っているのは、そういった範囲に対しての取り決めはないため、です。ズレすぎていない範囲（20%くらい）であればあまり気にする人がいないので、よしとされているのです。

実は、こういった「強」や「弱」といった言葉の使いまわしは、ほとんど学ぶ機会に恵まれなかった人が多いです。学校でも習い

※この「強・弱」について、間違えて使っている方がとても多いです。「1万円とちょっと（例：10,100円）」という意味で「1万円弱」と使っている方もいらっしゃいますが、この場合正しいのは「1万円強」です。注意しましょう。

ませんね。でも、だから間違えてしまうだけです※。気にせず今から覚えましょう。

使うシチュエーションもたくさんあります。たとえば2時間以内に会議が終わりそうで「1時間50分ほど会議の予定をとっている」場合、「2時間弱で終わりそう」と表現できます。あるいは、2時間を少し超えそうな場合、「2時間強かかりそう」と言えます。

ちなみに、無理に「強」や「弱」という言葉を使わなくても、「1万円より上」「1万円よりも下」、という表現でもちろん大丈夫です。相手にきちんと伝わるように言葉を使いこなしましょう。

練習問題

在庫を報告しよう

正確な在庫量「1,189個」、上司にいくつと報告しますか？

解答例 1,000個強

「約1,000個ある」と言うのも一案ですが、1,000個よりも少ないかもしれないと思わせてしまうかもしれません。

「強」をつけて1,000個よりも多くあることを強調するといいでしょう。

まるめる魔法

- ✓「強」「弱」をフル活用する

数字はズレても
ぜんっぜんOK！

1,463,987円

質問です。この数字、あなただったらどこで「まるめ」ますか？

人によって異なると思いますが、本書ではそのラインをざっくり私が提示したいと思います。

→146万円（上から4ケタ目を四捨五入・切り捨て）⇒OK
→147万円（上から4ケタ目を切り上げ）⇒OK
→150万円（上から3ケタ目を四捨五入・切り上げ）⇒OK
→140万円（上から3ケタ目を切り捨て）⇒OK
→100万円（上から2ケタ目を四捨五入・切り捨て）⇒△
→200万円（上から2ケタ目を切り上げ）⇒△

どうでしょう。たしかに100万円だと少なすぎるし、200万円だと多すぎますよね。

基本的には、ズレすぎていなければ大丈夫です。
「140万のことを100万と言うと少なすぎるし、200万と言うと多すぎるから、もうちょっと近いところにしよう」。これくらいで大丈夫です。

ただし、たとえば「1,463,987円」のことを「135万円」と説明するのはどうでしょう。なんだかしっくりこないはずです。なぜなら、四捨五入でも、切り捨てでも、切り上げでもないから。同様に160万円も、よくありません。何かごまかしているように見えてしまうので、これはNG※1。

迷ったら「上から2ケタ目を四捨五入」だけでOK！

慣れてきたら「切り捨て」や「切り上げ」よりも、「四捨五入」が最もズレが少ないのでオススメです。

四捨五入は、どこでやっても大丈夫です。悩んだら、頭のほうを大胆に切ってしまってください。ちなみに**1357円なら、いったん1000円としちゃってもOKです※2。**ズレは大きくなりますが、それでもそのまま扱うよりはよほどマシです。計算もラクになりますし。

慣れてきたら、徐々にズレのない方法に変えていきましょう。当然「1357円」よりは、「1400円」のほうが違和感がないですから。

※1　ただし、割り算のとき、うまく約分をするために、その数をある数の倍数にまるめてから計算することはよくあります。（例：146万÷8という計算なら、160万÷8の方がうまく割れそうですね）。

※2　上から2ケタを四捨五入しました。

でも、「毎回どこで四捨五入すればいいのか悩む……」という人もいるかもしれません。

大切なのは、迷わないこと。決めることです。そのための基準を紹介しましょう。

「上から2ケタ目」と決めてまるめる

この方法が一番ラクです。迷ったら、上から2ケタ目を四捨五入してください。すべて実質1ケタの数になります。1ケタは、最高ですね。わかりやすいですし。

上から2ケタ目四捨五入の場合

	Before		After
A.	42,805円	→	40,000円（4万円）
B.	768,149円	→	800,000円（80万円）
C.	1,463,987円	→	1,000,000円（100万円）

いかがでしょうか。だいぶ数字が扱いやすくなりましたね。

ただCは146万→100万になってしまっていて、少しズレが大きいように見えるかもしれません。そんな時は次のように上から3ケタ目四捨五入をしてみましょう。「ヤバい」と気づいてからでも遅くないですよ。

上から3ケタ目四捨五入の場合

この場合、数字は実質2ケタになります。そこまで変わらないですね※。四捨五入が大変なら、全部「切り捨て」ても構いません。ケタを間違えるよりはよほどマシです。

練習問題

上司に売り上げを報告しよう
資料に書かれた月次の売り上げ「4,678,050円」、いくらで報告しますか？

解答例 売り上げ報告の場面において、正確かつ素早くわかりやすい報告を行う場合、上から3ケタ目を四捨五入するのが好ましいでしょう。

次のようにまるめるのがオススメです。
「今月の売上高、470万円となりました」
もしくは、上から2ケタ目を四捨五入の場合、
「今月の売上高、500万円となりました」
がいいでしょう。

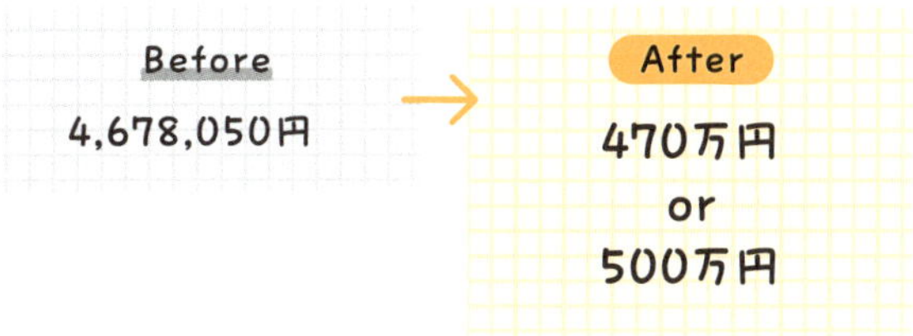

※上から3ケタ目四捨五入すると、ズレが5％以内になります。かなり正確です。なお、ズレ（誤差）割合＝四捨五入したあとの数÷四捨五入する前の数−1で計算しています。

もし、ズレを気にする上司の場合は、
「今月の売上高、470万円**弱**となりました」
「今月の売上高、500万円**弱**になりました」
のほうがよりよいでしょう。

まるめる**魔法**

- 迷ったら、上から2ケタ目を四捨五入する

とげとげした数字を「まるめる」魔法

数字をそのまま読んではいけない

「まるめる」と、脳のキャパシティが増える

「まるめる」はシンプルにして最強の魔法

「ケタ」「頭の数」だけは、間違えないように

「千、百万、十億、一兆」を九九みたいに唱える

「千・百万・十億・一兆」算

大きい数字は、まず日本語に直す

四捨五入はバランスよくまるめられる

切り捨てはその数よりも小さくなる

切り上げはその数よりも大きくなる

「強」「弱」をフル活用する

迷ったら、上から2ケタ目を四捨五入する

ちいさくする

Chiisakusuru

大きいと、圧倒される。

でも、ちいさく見えれば、かわいくなる。

Before

これまで

大きい数と
そのまま向き合う

After

これから

ちいさくして、
身近なものにする。

0がたくさんある大きい数字を「ちいさくする」魔法

世の中の数字は全部「足し算」でできている

200円のパン。これは単なる200円のように思えるかもしれませんが、ただの200円ではありません。

実は、200円のパンは足し算で説明できます。

パンの値段（200円）
＝パンの仕入れ額（140円）＋店の利益※（60円）

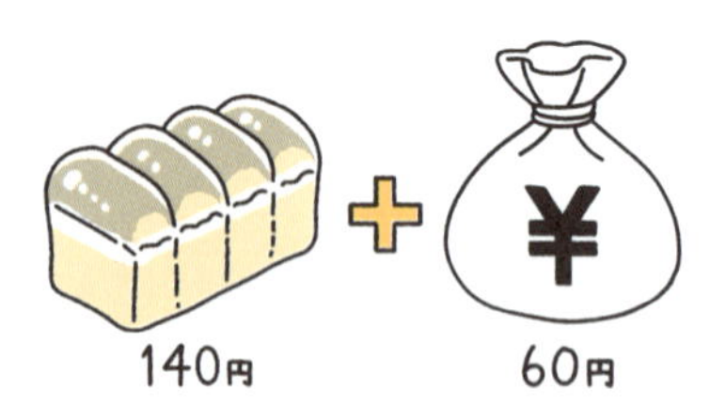

このようにパンの「値段」が、**足し算を使って分解できましたね**。

世の中の数字は、**すべて、何かを足し合わせた足し算**でできています。パンの仕入れ額もさらに分解できます。

※ここでいう「利益」は正確には粗利益と呼ばれるものになります。ここから販売管理費などが引かれると営業利益となります。一般的に利益といえば、営業利益のことを指すことも多いですが、本書では大枠をわかりやすくつかむため、粗利益を利益と呼ぶことにします。

パンの仕入れ額（140円）
＝店への配送料（40円）＋工場での原価（100円）

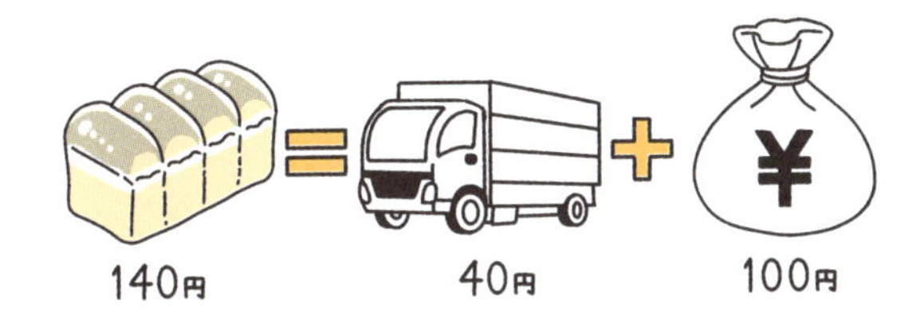

「もう分解できないかな？」と思っても、意外と分解できます。

というか、どんどん分解できます。

分解する目的はただ一つ、**数を「ちいさく」して、意味を把握しやすくするため**です。だからこそ、与えられたデータがどんな足し算でできているのかを考えてみましょう。

パンは「200円の商品」とも言えますが、「60円の利益を出す商品」とも言えますね。このように、数字はちいさくすることで意味がとらえやすく、わかりやすくなっていきます。

大きいものはちいさくすればこわくなくなります。

たとえば1億円よりも1万円のほうがまだ身近ですよね。

「ちいさくして考える」。つまり、**自分がわかる範囲の数字にちいさく分けて考える**のが、この「ちいさくする」のポイントです。

ちいさくする魔法

- 目の前の数字は「足し算」に分解できる
- 分解すると数字はちいさくなり、かわいくなる

大きい数字は「かけ算」でできている

世の中の数字はすべて「足し算」でできています。しかし、足し算だけですべて分解するのは現実的ではありません。

ここで登場するのがかけ算です。特に世の中の**「大きい数字」はかけ算によって作られています。**

問題

1万人分の米が必要。どのくらい用意すべきか？

解法 この答えを足し算で考えてみましょう。

1万人全員分の米の必要量＝Aさんの米の必要量＋Bさんの米の必要量＋Cさんの米の必要量＋Dさんの……

と1万回足しますか？　日が暮れます。足し算では限界があるわけですね。他にも企業の売上高などは、数万回、場合によっては数億回を超える足し算で構成されています。そんなの全部足すわけにはいきませんよね。

そこでとっておきの秘策が生まれました。それが、「かけ算」です。先ほどの問題の答えは、かけ算で簡単に計算できます。

1万人分の米の必要量
＝1人あたりの米の平均必要量×1万人

1万人分の米の必要量のような超大きい数字を、たった2つの要素にちいさく分けることができました。このようにかけ算は、足し算よりも一気にちいさくできます。

かけ算で「ちいさい要素」に分ければかわいくなる

「足し算の繰り返し」をかけ算と決めたことで、人類は、より大きなスケールでも計算ができるようになりました。かけ算にちいさく分解したことで、簡単に大きな値を出せるのです。

かけ算ができるようになった人類は、土地の面積を「タテ×ヨコ」で記録して、お米の将来の収穫量を計算できるようになりました。つまり、かけ算で考えることができれば、ラクに推測ができるわけです。国として、広い国土を合理的に統治するためにかけ算は必要不可欠でした。

問題

1日の売上高1万円のパン屋さん。どうすれば売り上げを伸ばせる？

解法 まずは売上高を分解してみましょう。

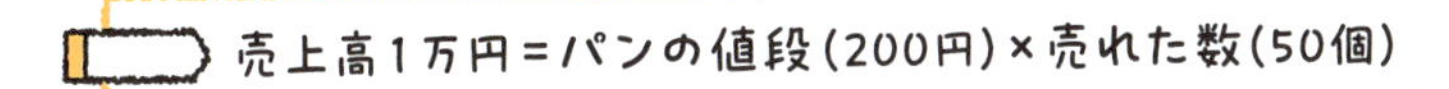

このように、かけ算によって「ちいさく」分解してみました。

よりイメージがわきますね。パンが50個売れたわけです。では、この「50個売れた」をさらにちいさくしてみましょう。

売れた数(50個)
＝1時間あたりの売れた数(5個)×営業時間(10時間)

このように「ちいさく」分けて考えるとわかることがあります。売上高を上げるために必要なのは、たとえば以下ですね。

- パンの値段を1個200円から300円に値上げする。
- 1時間あたりの販売数を5個から10個に増やす取組みをする。
- 営業時間を10時間から11時間に延ばす。

こうして一つひとつを「ちいさく」分けて考えると、大きくて正体がよくわからなかった数字も、つかめるような気がしませんか？

「ちいさく」すれば、大きい数字もかわいくなる

練習問題

このパン屋さんをもう9店舗つくって合計10店舗を運営したら、その売上高はどうなると思いますか？

簡単ですね。

売上高1万円×10店舗=合計売上高10万円

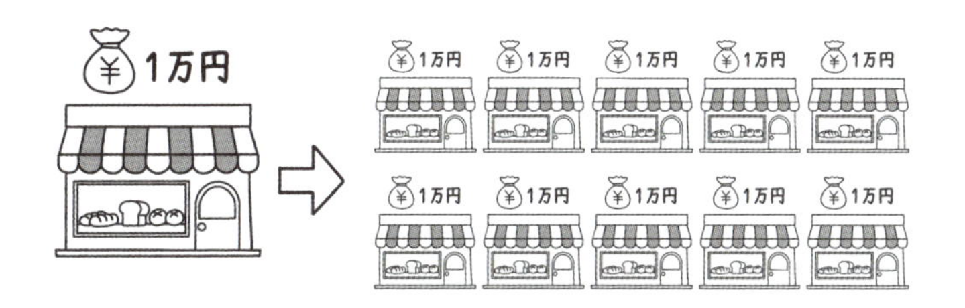

世の中にある大きい数字はすべて、かけ算によってスケールが広がった結果として生まれたものです。

だから、大きければ、いったん「ちいさく」する。シンプルですが、超効果的です。大きい数がちいさくなれば、急にわかりやすく、扱いやすくなります。

「100億円」なんてめまいのするような大きい数も、「100円×1億」と分解して、「日本の全人口1億人が100円玉を握りしめているんだ！」と考えれば多少イメージしやすくなります。

かけ算は、**ちいさくもできるし、一気に大きくすることもできる**のです。

ちいさくする**魔法**

- ✓ **大きい数字は「かけ算」に分解する**
- ✓ **ちいさく分解すれば、一気に大きくもできる**

0がたくさんある「大きい数字」を1ケタの計算に変える魔法

0だけ先に数える算

問題

1,000円の商品が1,000個あったときの総額は？
1,000,000円の商品が10,000個あったときの総額は？

でっかい数字同士のかけ算。最悪に見えちゃいますね。

10とか100などは0が少ないので移動させればなんとかなりますが、「×1,000」のように、0が3個もあると、大変ですね。できなくはないですが。

1,000×1,000
=10,000×100
=100,000×10
=1,000,000(=百万)

間違えないように、一つひとつの0をずらしていき、口に出しながら、かけ算をしていくという方法です。

どうですか？　そりゃイヤですよね。「それをいつもやってるんだよ！」なんて怒りの声も聞こえてきます。

こんな大きい数字も、「ちいさく」してしまいたいですね。

ただ、これはすでにかけ算に分解できている数字です。これまでの「ちいさい要素に分ける」では対処できません。

ここでご紹介しましょう。こういった「0がたくさんついている数字」をてなずけるための、**大きい数字専用**の計算法です。

問題

［例］ 1,000×1,000

左側の数に0が3個、右側の数にも0が3個あります。つまり合計で、0が6個ありますね。

ここで、魔法の**「0を数えたら見る表」**を使いましょう。

0を数えたら見る表

12個	8個	4個	3個	2個	1個
兆	億	万	千	百	十

この表で0が6個に該当するのはいくつでしょうか。ないですね……と思うかもしれませんが、4個の「万」＋2個の「百」を合わせると6個ですね。

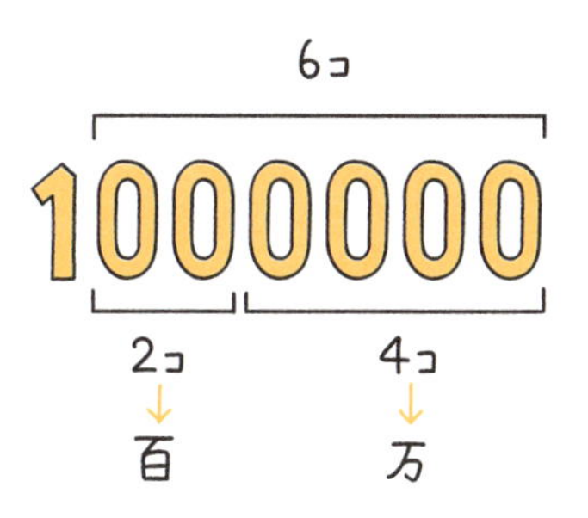

つまり答えは100万です。

大きい数のかけ算が出てきたら、いきなりかけ算をしてはいけません。

まず、「０の個数の足し算」に変えてしまいましょう。

10,000×10,000

それぞれ０の個数が４個と４個なので、４＋４の合計８個ですね。８個ということは億です。これ、慣れれば１秒でできるようになります。

このようにすると、なんとこんな大きなかけ算が１ケタの足し算になりました。

「ちいさく」なりましたね。**最高じゃないですか？**

［例］1,000,000×10,000

０の個数がそれぞれ左の数（100万）は６個と、右の数（１万）は４個になるので、合わせて10個です。

10個ということは、８個の「億」と２個の「百」の合計ですね。100億になります。

割り算も１ケタの引き算に変える
０だけ先に数える算　割り算

割り算は、かけ算の逆。０の個数の引き算になります。

問題

［例1］1,000,000÷100

解法 数えましょう。それぞれ、０は６個と２個なので６個－２個

＝4個となり、答えは4個。つまり、1万となります。

約分しても答えは同じですね。

1,000,000÷100＝10,000

問題

［例2］ 1,000,000,000÷1,000

解法 先ほど解いていったように0の個数を引き算してもよいでしょう。

9個－3個＝6個

つまり、百万です。

カンマがついているところまで0の数が同じなので、カンマ1個分（0が3個）は消してしまって計算してもいいですね。

1,000,000,~~000~~÷1,~~000~~

ちいさくする魔法

- 0の数だけに集中すれば、1ケタの足し算・引き算になる **0だけ先に数える算**

0がたくさんある「大きい数字」を九九みたいに変える魔法

漢字かけ算　漢字わり算

２つめの「大きい数字をちいさく変える魔法」は、**漢字かけ算**です。初心者は0を数える算のほうが簡単に感じられるのですが、実はこちらの漢字かけ算のほうが速くて間違えにくいのでおすすめです。

問題

1,000円の商品が1,000個あったときの総額は？
100万円の商品が1万個あったときの総額は？

78ページの２つの計算ですが、ビジネスではこういった形で出てくることもありますよね。

ここで、魔法の 漢字かけ算 表をご紹介しましょう。

漢字かけ算表

- 十×十＝百　（じゅうじゅう・ひゃく）
- 百×百＝万　（ひゃくひゃく・まん）
- 千×千＝百万　（せんせん・ひゃくまん）
- 万×万＝億　（まんまん・おく）
- 億×万＝兆　（おくまん・ちょう）

もし、余裕があれば、

- 百×千＝十万　（ひゃくせん・じゅうまん）
- 百万×百万＝兆　（ひゃくまんひゃくまん・ちょう）

これは、「**大きい数の九九**」です。漢字と響きで覚えてしまうわけですね。

一気に声を出して覚えてください。

「ジュージュー百、ヒャクヒャク万、
センセン百万、マンマン億、オクマン兆」

の５個だけです。余裕があれば、

「ジュージュー百、ヒャクヒャク万、センセン百万、マンマン億、
オクマン兆、ヒャクセン十万、ヒャクマンヒャクマン兆」

の７個です。**せーので10回唱えてください。**音で覚えたら結構忘れないのでオススメです。

唱えましたか？　では、さっきの問題を解いてみましょう。

問題

［例1］ 1,000 × 1,000

解法 1,000＝千です。「センセン百万」なので、百万円ですね。

問題

［例2］ 100万 × 1万

解法 これを漢字かけ算で考えると

Before

100万円×1万個

になります。公式の「万×万＝億（マンマン億）」が使えますね。

解法 百万×万＝百×万×万

＝百億

これなら大きい数のかけ算が口頭でできてしまいますね。

大きい数字のかけ算が、**実質「１ケタ×１ケタ」並みにかわいくなりました。**一気にラクになりましたね。

問題

1,000,000×1,000,000

今回は２つの方法でやってみましょう。

解答例1 0だけ先に数える算

０の個数を数えてみると、６個と、６個。

６個＋６個＝12個

12個なら、１兆となりますね。

解答例2 漢字かけ算

＝百万×百万＝百×万×百×万

＝百×百×万×万

公式である「百×百＝万」、「万×万＝億」を使ってみましょう。このとき、

＝(百×百)×(万×万)

＝万×億

億×万＝兆なので、

＝一兆

割り算も九九みたいに変える 漢字割り算

この方法は割り算でも使えます。すぐに終わりますので、さっとやってみましょう。

直感的に理解しやすいものを覚えるだけで一気に割り算が簡単にできますよ。たったこれだけです。

漢字割り算表

- 百÷十＝十
- 千÷百＝十（千÷十＝百）
- 万÷千＝十
- 億÷万＝万
- 兆÷万＝億（兆÷億＝万）

問題

千万÷百

解法 千÷百＝十という関係を使えば、十万ですね。一瞬でわかりました。

ちなみに、「0だけ先に数える算」であれば、7個－2個＝5個となり、同じく十万になりますね。

問題

十億÷千

これはちょっと工夫が必要ですね。それぞれ10倍してみるのはどうでしょう。

解答例 (十億×十)÷(千×十)
=百億÷万

割る数をキリのよい「万」「億」「兆」にできると、「億÷万=万」が使えそうですね(実はこれ、かけ算の一覧でも学んだ「マンマン億」という式を変形したものです)。うまく漢字かけ算・わり算できる形をつくってしまえばよいわけですね。あとはカンタンです。

=百億÷万
=百万

難しいですか？　難しい人もきっといますよね。
その時は、この解き方でもOKです。

解答例

十億÷千=十万×万÷千　万×万=億が使えますね
=十×万×十　万÷千=十。1万円は千円札10枚分ですね
=十×十×万=百万

こちらのほうが難易度が下がると感じる人もいるでしょう。

練習問題

100,000,000,000÷1,000,000

これも2つの方法でやってみましょう。

解答例1 0だけ先に数える算

11個－6個＝5個

よって、10万であることがわかりました。

解答例2 漢字割り算

先に数字を「千・百万・十億・一兆」算で数えておきます。

千億÷百万

＝千億÷百万

＝(千÷百)×(億÷万)

それぞれ公式を使います。「千÷百＝十」「億÷万＝万」ですね。

＝十×万

＝十万

このように、漢字を使うと割り算も簡単に求められるようになります。

ただ、漢字割り算よりも**漢字かけ算のほうがラク**だと感じる人が多いと思います。漢字割り算はすぐにできなくてもよいので、**まずは漢字かけ算ができるようになりましょう**。それだけで十分すぎるほどに、数字がこわくなくなるはずです。

ちいさくする魔法

- **大きい数は漢字で計算すれば、実質「九九」になる**

漢字かけ算　漢字割り算

CASE

大きい数同士の計算は、頭とケタを別々に計算する

0だけ先に数える算　漢字かけ算

[例1] 20,000×3,000

[例2] 4,000,000×90,000

諦めないでください。

これまでだったらすぐに諦めてしまっていたこんな計算も、もうあなたはできるようになっている可能性があります。

まず、頭の数を計算する。次に、0の数を計算する。ポイントは、頭の数とケタを分離して、段階的に計算することです。

こわくないです。大丈夫。やってみましょう。

問題

[例1] 20,000×3,000

解法 分解すると、次のようになります。

2×10,000×3×1,000

頭の数　2×3=6

ケタ　10,000×1,000

0だけ先に数える算　4個(万)+3個(千)=7個、だから1000万

漢字かけ算　万×千=千万

よって、6×千万=6,000万

解答 6,000万

ほら！　こわさが減ったでしょう？

問題

[例2] 4,000,000×9,000

解法 これも同様に、頭の数とケタの計算を分離して計算していきましょう。

頭の数 4×9＝36

ケタ 1,000,000×1,000

0だけ先に数える算 6個＋3個＝9個(十億)

漢字かけ算 百万×千

＝百×万×百×十 (千＝百×十に分解してみました※)

＝万×万×十 (百×百＝万でしたね)

＝十億

よって、36×十億＝360億

解答 360億

頭の数が2ケタになる場合は、一気に計算してしまうと間違えがちです。**ゆっくり2段階に分けて計算してみる**とよいでしょう。

問題

4,034,083×9,045

解法 大丈夫。大丈夫です。まず、前に学んだ「まるめる」を使いましょう。後は同様に、頭の数とケタの計算を分離して計算していきましょう。

まるめる 4,034,083×9,045

≒4,000,000×9,000

※百×千＝十万を覚えていればそれを使ってもOKです。

数字をよく見てみてください。ほら！　今やったばかりの例2と同じ数字ですね！　つまりこの問題の答えも360億ぐらいです。終わり。

問題

500,000×400,000

解答例 頭の数と、ケタを分離して計算をしていきます。

頭の数 5×4＝20

ケタ 100,000×100,000＝十万×十万

十×十＝百、万×万＝億なので、百億

100億×20＝2000億

よって、100億が20個あるので、2,000億ですね。

どうでしょう。多少はこわさが減りましたか？

大きい数同士の計算は、頭とケタを別々に計算する

0だけ先に数える算　漢字割り算

［例1］800,000÷2,000
［例2］400,000,000÷50,000

今度は、大きい数の割り算です。これがいろいろな場面で出てくるのが人間社会です。おそろしいですね。

でも大丈夫。かけ算と同様に、頭の数とケタを分離して計算すれば、こわくありません。

問題

［例1］800,000÷2,000

解法 さて、それぞれ、頭の数とケタを分離します。

頭の数 8÷2＝4　ケタ 100,000÷1,000

0だけ先に数える算 5個－3個＝2個

漢字割り算 十万÷千

＝十×万÷千＝十×十　万÷千＝十ですね

＝百(100)

後は、頭の数とケタをかけ算して答えを出します。

4×百＝400となります。

問題

［例2］400,000,000÷50,000

ちょっと難易度が上がります。これも同様に、頭の数とケタの計算を分離して計算していきましょう。

頭の数 4÷5＝0.8(!?)

ここでふと止まってしまうことでしょう。頭の数が4÷5となり、「割れない！」と直感的に思ってしまいます。

しかし、簡単です。**いったん40÷5でカンタンに解いてから、後で帳尻を合わせればいいのです。**

4÷5⇒40÷5にしてしまいましょう。8ですね。あとでケタを合わせて計算しましょう。

ケタ 100,000,000÷10,000

0だけ先に数える算 8個－4個＝4個（万）

漢字割り算 億÷万

＝万

です。でも、さっき1つ0を借りていましたね。なのでケタを1つ落として答えは8,000ですね。

練習問題

6,000,000÷30,000

解答例

頭の数 6÷3＝2　ケタ 1,000,000÷10,000

0だけ先に数える算 6個－4個＝2個（百）

漢字割り算 百万÷万＝百

よって、頭の数×ケタ＝2×100＝200です。

ちいさくする**魔法**

- ✓ **大きい数字は頭とケタを別々に計算する**

0がたくさんある大きい数字を「ちいさくする」魔法

目の前の数字は「足し算」に分解できる

分解すると数字はちいさくなり、かわいくなる

大きい数字は「かけ算」に分解する

ちいさく分解すれば、一気に大きくもできる

0の数だけに集中すれば、1ケタの足し算・引き算になる 0だけ先に数える算

大きい数は漢字で計算すれば、実質「九九」になる 漢字かけ算 漢字割り算

大きい数字は頭とケタを別々に計算する

きづく

kiduku

どうしてなの?
その理由にきづけば
きっとなかよくなれる

Before

これまで

計算のやり方を
覚えようとする

→

After

これから

計算の意味を
考えて向き合う

数字と会話ができるようになる「きづく」魔法

「絵が浮かぶ計算」に変えれば、かわいくなる

次の計算をして、正しい答えを選んでください。

ちなみに、**制限時間は２秒**です。

問題

250×20＝？

①500　②5,000　③50,000　④500,000

さぁ。どれでしょう。

答えは②です。わかりましたか？　０が何個になるのか、パッと出てこないですよね。ちなみにわからなくて大丈夫です。

しかし、これだとどうでしょう。

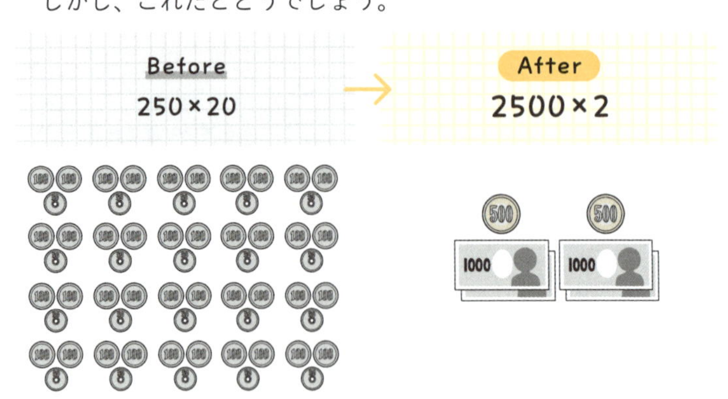

これだと、すぐに「5,000」ってわかりませんか？

250×20は迷うのに、2500×2は一瞬で出てくる

のです。１ケタのかけ算だと、急にイメージがしやすくなるんですね。

250×20の場合、人は「250が20個」と解釈しようとします。

この場合、この「20個」がくせ者です。思い出してみてください。あなたは最近何かを20個も用意しましたか？　リンゴ20個、ボールペン20本、テレビ20台……そりゃ、イメージしづらいわけです。**でも、この個数が２個だったらすぐにイメージがわきますよね。**2500×２の場合は「2500が２個」と解釈するので、2500が２セットある、とわかりますね。

１人あたり2,500円の食事を２人でした場合、会計金額は5,000円になりますよね。これはよくあるシチュエーションではないでしょうか。

20個もあると、イメージが湧かない。でも、２個ならイメージが湧きますよね。

「いや、20個でも簡単だよ！　私はイメージできる！」
という方もいるかもしれません。でも、

2500×200

ならどうでしょう。一気に答えを出すのが難しくなります。

では、2500×200の０を片方に寄せてみてください。

2500×200
=25000×20　まずは１個だけ０を移動させる
=25万×２　続いてもう１個移動

25万×２ならすぐに答えが出てきそうです。

「月25万円の給料の２か月分はいくらですか？」と具体例で考

えてもよいですね。50万円です。これなら、グッとイメージがわきやすくなるのではないでしょうか。

このように、1ケタのかけ算に直すことができれば、イメージが一気にわきます。**計算は、全部「1ケタ」に変えてしまいましょう。**

計算の意味に「きづく」こと。この魔法があれば数字が超かわいくなってきます。

2,500円が20個は、25,000円が2個で考えよう

「2500×20を、なぜ25000×2に変形してもよいの？」と思われたかもしれませんが、これは勝手にやってもよいです。

その理由をお金を使って説明します。

問題

100円玉が100枚はいくらでしょうか？

意外とすぐに答えられないのではないでしょうか。なぜなら、100円玉が100枚あるシチュエーションが想像しづらいからです。

でもこの100円玉をこんなふうに並び替えてみてください。

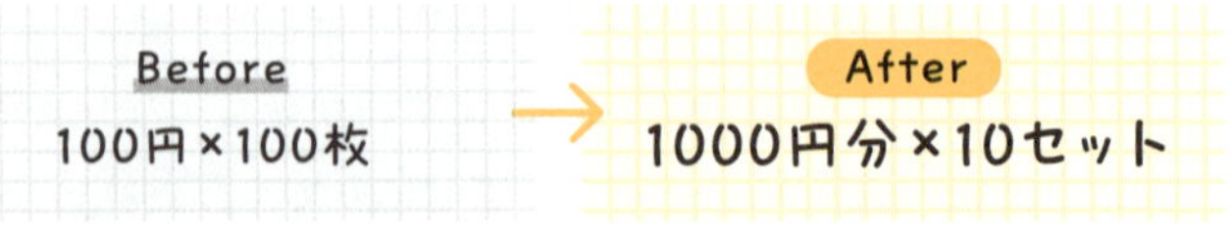

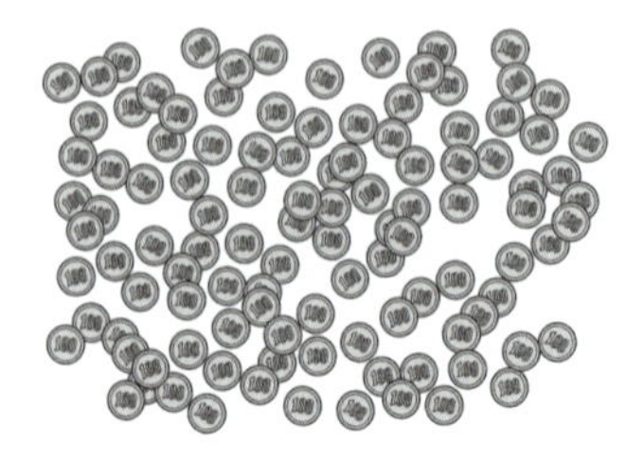

一気にイメージが湧きますよね。なぜなら、100円玉10枚が1000円と一緒だからです。

1000円の塊が10個あるなら、1万円ですよね。1万円札を両替すれば、1000円札が10枚になるのと一緒です。

このように、見たことがない量や個数になってしまったら、**見たことがある量・ピンとくる数字に変換すればよいだけ**です。

このように100×100＝1000×10となるように0を勝手に移動させてもいいわけです。

遅くてもいい。計算の「意味」を考えよう

数字が苦手な人ほど計算を間違えてしまうのは、計算の意味に「きづけて」いないからです。

「きづく」というのは、計算を「意味で考える」ということです。

数字がこわい人は、総じて計算の意味がわかっていません。何を意味するのか、どういうものかわかっていません。

意味を考えると計算のスピードは遅くなります。だから、**まずは、一度立ち止まりましょう。**すると、全く違う景色が見えるようになりますよ。

きづく魔法

- **想像しやすいイメージに変えれば、計算の意味がすぐにわかる**

引き算は「基準」で考えるとうまくいく

「減少」と「差」の引き算

ここからは、「計算の意味にきづく」ために、四則演算（足し算、かけ算、引き算、割り算）の意味を改めておさらいしていきます。

基本的なことですが、この意味に気づけているかどうかで、数字がこわくなくなるかどうかが大きく変わってきます。まずは足し算・引き算から始めていきましょう。

足し算の意味 2＋3
→2に3を加える
→3に2を加える

足し算の解釈はとてもシンプルなのでわかりやすいでしょう。問題は引き算です。

引き算の2つの意味

引き算とは何でしょうか。「引くことじゃないの？」いえ、それだけじゃないんです。実は引き算のもうひとつの役割として「引く数を基準にして、引かれる数を見る」があります。これを知っておくだけで、引き算は一気に理解が進みますよ。

さて、2つの意味を紹介しましょう。

［例］234－178

A 減少　234から178を減らす

234個のリンゴから178個分を取ったあとには何個残るのか？というシンプルな意味です。引いて、減らした後に残る量を求めます。最も想像しやすい引き算の意味なのではないでしょうか。

B 差　178を基準にして、234との差を求める

178と234との違いを求めます。つまり、その「差」が求められます。

たとえば、今178cmの人が234cmの高さになろうとする時に必要なのはあと何cmか考えてみましょう。その差は、「234－178」です。基準に対して、あと「＋56」cm必要ということです。このとき、**基準である178に対して、目標値である234を考えているわけです。**

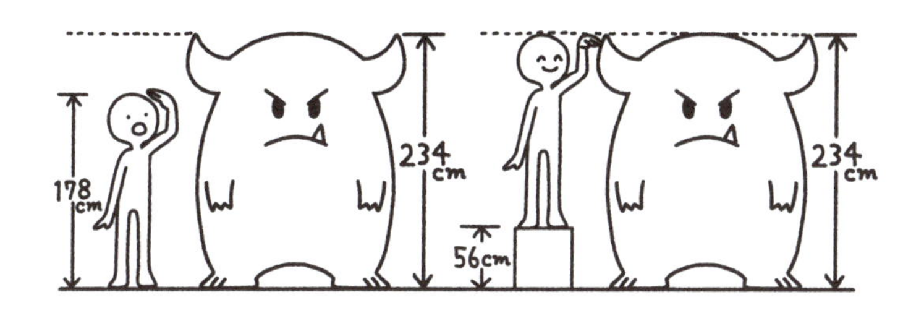

難しい引き算に出会った時は、しっくりくる意味を使っていきましょう。

マイナスは東西で考えよう

もう一問見ていきましょう。

問題

身長157cmの人から見たとき、身長180cmの人の大きさは？

答えは23cmですね。では次。

問題

身長180cmの人から見たとき(基準)の身長157cmの人の大きさは？

答えは「－23cm」です。

「うっ」ってなりましたよね。わかります。マイナスがついているとイヤですよね。

待ってください。**わからない時は想像した絵が悪いだけです。**このようなときは例を変えてしまいましょう。たとえば東西で考えてみるとわかりやすくなります。プラスが東方向として、マイナスが西方向です。

問題

157東に進んでから、180西に進むと、どの場所にたどり着く？

解法 157－180は、「＋157－180」と考えることができます。

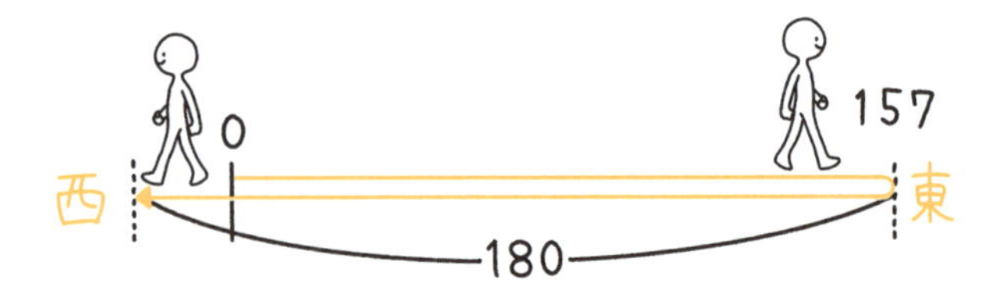

157は東方向に進み、そこから、180は西方向に進みました。すなわち、西に23進んだ「－23」の地点にたどり着いたことがわかります。

先に西に180行ってから、157戻ってくるのでもたどり着く場所は同じですね。

$$157-180=-180+157$$

とするわけです。多少はわかりやすいでしょうか。

答えがマイナスになりそうなときは、このように東西で考えてみるといいでしょう。

きづく魔法

- ✓ 引き算は「基準」の意味で考えてみる
  「減少」と「差」の引き算
- ✓ 答えがマイナスになるときは、東西で考える

足しすぎてから調整するラクな計算方法

ざっくりぴったり算

このように足し算と引き算の意味に「きづいた」みなさんに、新しい魔法を紹介しましょう。

その名も**「ざっくりぴったり算」**です。

7+2=9
13+22=35

こんな足し算は簡単ですね！　でも、こんなのはどうでしょう。

7+8
77+19

「うっ」となりますね。理由は、「繰り上がり」です。足して10を超えると、圧倒されやすくなります。

ここで「ざっくりぴったり算」を使いましょう。

ざっくりぴったり算

1. まるめて「ざっくり」出す
2. 答えに近づけて「ぴったり」にする

問題

［例1］77＋19

解法

まずはまるめましょう。19がわかりづらいので、ざっくり20に変えちゃいます。

77＋19

⇒77＋20　四捨五入して19を20にする

簡単そうな計算になりました。しかし20は足しすぎですね。だから後から1を引いてあげましょう。

⇒77＋20－1　左から順に計算する

＝97－1

＝96

ほら。なんだかカンタンになっていませんか？

おさらいしましょう。まず、19を四捨五入でまるめて20にしました。いったん、この20を足します。でも、1を多く足しすぎていますね。なので、後から1を引いてあげます。

どうですか？　結構ラクになりましたよね。実はこれで繰り上がりのある計算をうまく回避しています。

足し算は、繰り上がりがあると急に難しくなります。だから、**繰り上がりから逃げて、「かわいい計算」にしてしまうのがコツです。**

次のページで、実際に問題をいくつか解いてみましょう。

問題

69+28

解法

69+28

⇒69+30　28は四捨五入で30にしてしまいましょう

ただ、これは2を多く足しすぎ！ だから2を引きます。

⇒69+30−2　左から順に計算する

=99−2

=97

問題

39+43

解法

39+43

⇒40+43　39を四捨五入して40にしてしまいます※

しかし40は大きすぎます。だから1を引いてあげるわけです。

=40+43−1　左から順に計算する

=83−1

=82

繰り上がりのある計算なのに、まるで繰り上がりがないみたいに計算できますね。グッと簡単に感じるはずです。これが「ざっくりぴったり」算です。

※43のほうを四捨五入して、39+40+3=82と計算してもよいでしょう。

練習問題

47＋99

解答例

47＋99

⇒47＋100　99を四捨五入して100にしてしまいます

＝47＋100－1

＝147－1

＝146

99を四捨五入して100にしてしまいましょう。1を多く足しすぎてしまうことになりますので、1を引いてあげればよいですね。

ポイントは、**四捨五入で「ざっくり」足してから、微調整して「ぴったり」にすることです。**

ゴルフに似ていますね。いきなりドライバーでカップに入れるのではなく、まずはカップに近づけて、そこからパターで入れる方法です。

だから、まずはカップに近づけることだけ考える。近づけてグリーンに乗ってから、カップに入れればよいわけです。

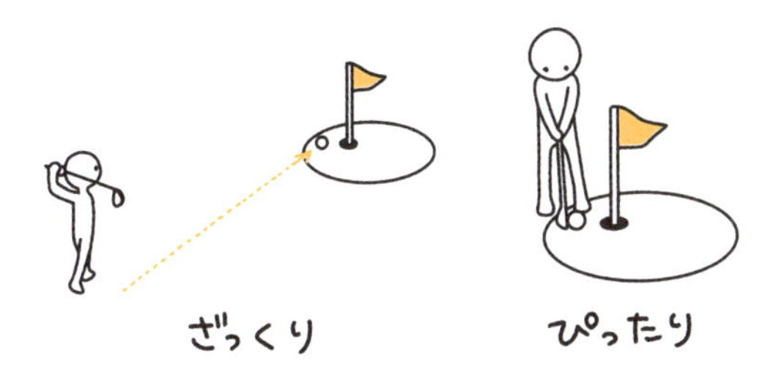

引きすぎてから調整する ラクな計算方法

ざっくりぴったり算

では今度は引き算でやってみましょう。

9－3＝6
13－2＝11

繰り下がりがないので、簡単に答えが出ました。
でも、こんなのはどうでしょう。

難しい例
13－8
64－37

繰り下がりがあるとうまく引けないですよね。つまり、下1ケタを見たときに3から8が引けなかったり、4から7が引けなかったりするわけです。イヤですね。
「引けない……！」と一瞬止まってしまいそうになったら、そのまま引くのはやめましょう。難しい計算は、してはいけません。だから、引きすぎてから後で足して調整してあげましょう。

問題

［例1］64－37

解法

37を四捨五入して40にまるめます。いったんこの40を引いたらカンタンじゃないですか？

64－37⇒64－40　四捨五入して37を40にする

でも、40だと引きすぎています。どのくらい引きすぎているか？　3ですよね。

だから、後から3を足してあげるわけです。

⇒64－40＋3　左から順に計算する

＝24＋3

＝27

実際に問題をいくつか解いてみましょう。

問題

51－18

解法

51から18を引くのは大変。1の位が1－8となり、うまく引くことができません。そんなときは、「ざっくり」。四捨五入して18を20にしてしまえばよいわけです。

51－18

⇒51－20＋2　ざっくり引いてから

＝31＋2　ぴったりに足す

＝33

しかしその後、18を20にしているので、2多く引いてしまっていることを忘れずに。「ちょっと多く引きすぎたな。もどしてあげよう」と思いながら、2を足して「ぴったり」にしてください。コツは「面倒そうだ」と思ったら、まず「ざっくり」、あとで「ぴったり」計算することです。

問題

60－42

解法1 いきなり42を引こうとすると、頭が混乱します。まずは40を引きましょう。それでもまだ引き足りないので、さらに2を引いてあげましょう。順番に計算をしてください。

60－42
⇒60－40－2
＝20－2
＝18

もしかすると、まだ「繰り下がり」があるので難しいと感じた人がいるかもしれません。その場合は、次のように先に50を引いてから、8を足すのでもいいでしょう。

解法2

60－42
⇒60－50＋8
＝10＋8
＝18

きづく魔法

- ✓ ざっくりぴったり算で、繰り上がり・繰り下がりをかわいく計算する

COLUMN

お釣りの計算は「999」「9999」から引くと計算がラク
ざっくりぴったり算 お釣り計算版

678円買って、1000円札で支払った。お釣りはいくら？

みなさんは買い物をする時、きっとお釣りの計算に悩んでいることでしょう。なぜなら、お札で払うと、必ず繰り下がりが発生するからです。

そこでオススメしたいのがこの**「ざっくりぴったり算」お釣り計算版**です。

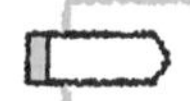

1. 1,000ではなく999から引く
   (10,000ではなく、9,999から引く)
2. 後で1を足す

1000－678　1000を999に変えてしまおう
↓
999－678＝321　繰り下がりがないのでラク
321＋1＝322　後で1を足す

どうです？　すごくラクじゃないですか？

こういったちょっとした計算法は、巻末の「ガラパゴス計算法」にまとめています。ぜひご覧ください。

かけ算は「何個あるか？」を思い浮かべて計算しよう

さぁ、次はかけ算です。

かけ算は「**何個あるのか？**」**で解釈しましょう。**

問題

[例1] 235×20

- 235が20個分（セット）ある
- 20が235個分（セット）ある

解法 かけ算は順番を入れ替えても答えは同じです。

面積で考えると分かりやすいです。縦が235で横が20の面積を考えたとき、見る角度を90度変えれば、縦が横になり、横が縦になりますね！　つまり、

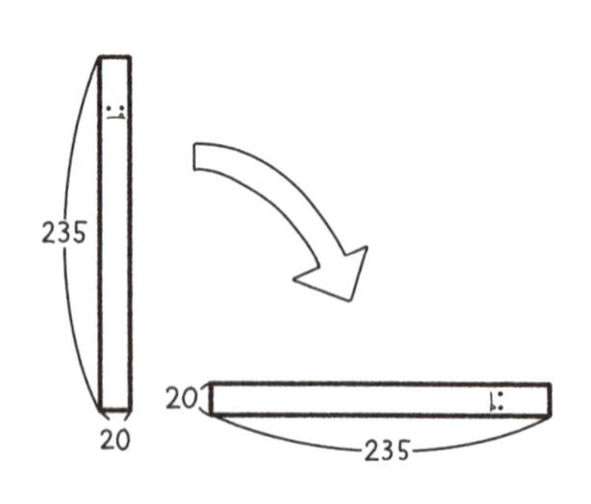

縦235×横20＝縦20×横235＝4700

となるわけですね。かけ算の意味はシンプルです。

まとまりのある数をイメージする
ざっくりぴったり算 かけ算版

問題

35×11

解法 ちょっと面倒ですね。でもここは、意味を考えてみましょう。

このかけ算の意味は、「35が11個」です。

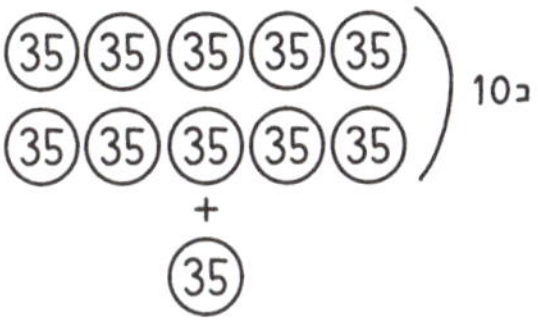

35が11あるということは、35が10個分と、35が１個分です。

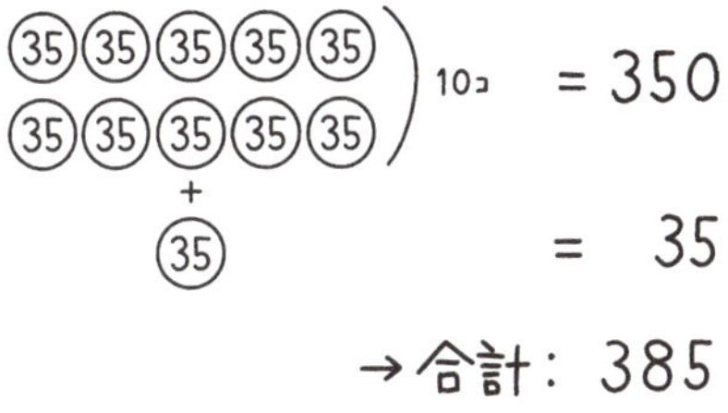

このイメージができると、計算間違いをしなくなります。次のページで確認していきましょう。

解法1

35×11
$= 35 \times (10 + 1)$
$= 35 \times 10 + 35 \times 1$ 分配法則を使っています
$= 350 + 35$
$= 385$

35をざっくり10個分求めてから、あと1個分足したわけです。これは「ざっくりぴったり算」かけ算版とも言えますね。

問題

73×99

こんな問題はどうでしょう。73が99個あるということですね。

ということは、73をざっくり100個用意してから、73を1個分だけ引けばよいわけです。

解法2

$73 \times 99 = 73 \times (100 - 1)$
$= 73 \times 100 - 73 \times 1$ 分配法則を使っています
$= 7300 - 73$ ≒7300弱、でもいいですが
$= 7227$※

ほら。急激にかわいくなりましたね！ このように、「ざっくりぴったり」で計算するときには、できるだけ**九九や「10」「100」などの計算しやすい数字に変えるのがコツ**です。

※7300－73が難しければ、先にざっくり80を引いて、後から7を足してもいいですね（ざっくりぴったり算）。つまり、7300－73＝7300－80＋7＝7220＋7＝7227。

「この計算はどういう意味か？」を考える

ちなみにこの計算を紹介すると、頭が混乱してしまって、意味不明な計算をしてしまう人がよくいます。こんな感じです。

73×99＝73×100－99

なぜ99を引いてしまったのでしょうか……？

原因は一つ。この計算の意味を考えられていないからです。こういう時は落ち着いて、**意味で考える習慣**をつけてみてください。

問題

103×49

どうやって意味で考えましょう？　２種類考え方があります。

- 103が49個ある
- 49が103個ある

ちなみにどちらでも正解です。

では、どちらが計算しやすいか、両方試してみましょう。

解答例1 **103が49個あると考える**

103が49個あると考えれば、103が50個あるところから1個分引けばよいわけです。

103×50－103

せっかくなら、103×50＝1030×5に変えましょう。千円札が５枚で5,000円なので、5,000円強です。

=5150−103 （≒5150弱、とかでもいいですが）
=5047

ということで、こちらの方法は難しく感じた人が多いかもしれませんね。

解答例2 49が103個あると考える

49×103 （49が100個と3個あると考えよう）
=49×100+49×3 （49×3は50×3から3を引いてもいいですね※）
=4900+147 （≒4900強、とかでもいいですが）
=5047

解答例2のほうが少し簡単なように感じませんでしたか？

最終的にたどりつく答えは同じでも、**どの計算方法を使うかで数字のかわいさが変わってくる**のです。

きづく魔法

- ✓ **かけ算は「何個あるか？」をイメージする**
- ✓ **一番カンタンなイメージを選べばかわいくなる**

※49×3が難しければ、先にざっくり50×3をして、後から3を引いてもいいですね（ざっくりぴったり算）。つまり、49×3=50×3−3=150−3=147。

100倍の虫メガネ「%」を使えば小数を見なくて済む

9800×10%

「%を見るだけで頭痛がする」という人へ。ちょっとだけ聞いてください。

実はパーセントを使うメリットは、**小さすぎて見えづらい数字を大きくできる**ことです。たとえば小数などです。りんご0.1個とか、りんご0.01個とかだとわかりづらいですよね。

パーセントは一言でいえば、**100倍の虫メガネ**です。

「1」を「100%」としています。「1」そのものに「パーセント」をくっつけることで、「100」という数に変換するわけです。

イメージしやすいのは、「1m」と「100cm」です。「c」(センチ)をつけることで同じ意味にします。

また、「0.1」は「10%」になり、「0.01」は「1%」になります。0.01という小さくてイメージしづらい数を1に変えて身近にしてくれているのです。わかりづらければ、「100個のうち何個?」という考え方、と言っても大丈夫です。

いずれにしても、パーセントを使うと**小さすぎる数字がちょうど扱いやすいサイズ(整数)になる**のです。

試しに変換してみると、こんな感じです。

- 0.26 ⇒ 26%
- 0.08 ⇒ 8%
- 1.2 ⇒ 120%

「0」を2個分くっつけるだけです。

また、円グラフでパーセントを考えてみましょう。円をすべて色が満たしているとき、ちょうど1個分、100%ということです。その次の50%を見てみると、ちょうど円の半分ということなので、1の半分、つまり0.5、パーセントで表現すれば50%ということになりますね。

100%で1個ですが、50%なら半分、20%は、1/5に相当する量です。

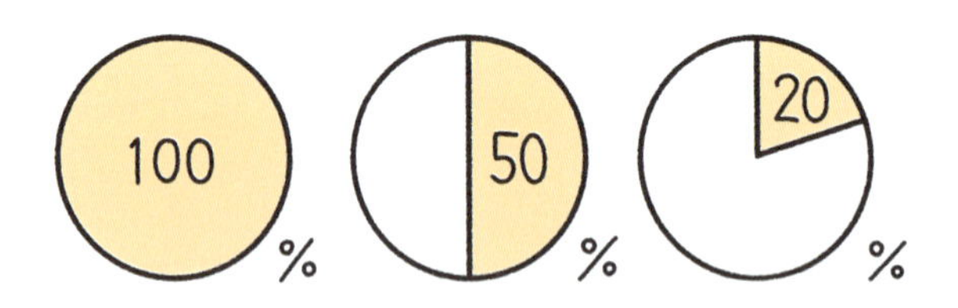

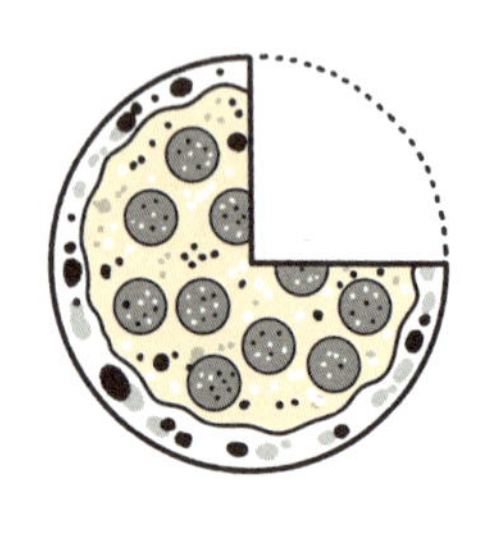

では、こんな問題ならどうでしょう。食べ途中のピザが右のイラストのように余っていたら、何パーセントですか？

25%分食べたことがわかります。つまり、75%分（100%－25%）残っていますね。（%がないと、ここで「残り0.75枚だね」と言わないといけません）。

このように、%の虫メガネは小数といういまいちピンとこない数字を読みやすくしてくれているわけです。**いいヤツなんです！**

小数のかけ算は「数直線」を書いて考えよう

小数のかけ算の場合は、図の数直線のようなイメージを持つと、具体的な意味として頭の中に入ってきます。

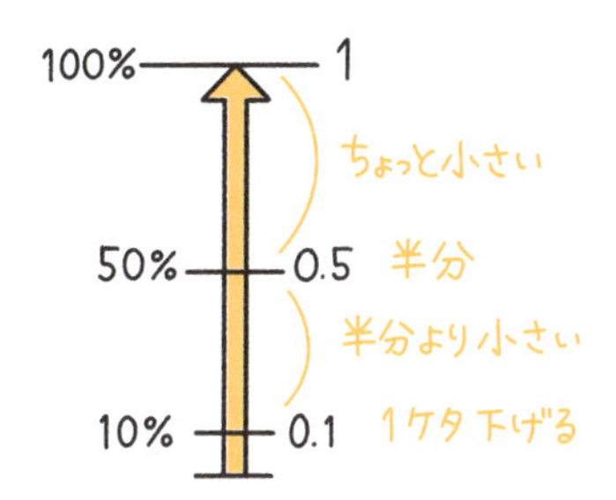

ちなみに50％分は、半分になります。33％分は、約1/3。25％分は1/4の量ですね。10％分は、1ケタ下げる、という意味になります。

問題

180×50%

解法 **「×50%」ですので、半分にする、ということ**ですね。つまり、180の半分ですから、180÷2で答えは90。

問題

300×33%

解法 **「×33%」は、約1/3にするということ**なので、だいたい100です。

問題

70×5％

解法 5％は10％の半分なので、「×5％」は、「×10％×50％」と同じ意味。つまり、「1ケタ小さくして」「半分にする」ということです。

70×5％
＝70×10％×50％＝7×50％＝3.5

となります。意味を考えれば簡単に計算できます。しかも計算間違いまで防げますね。答えがもし「35」になってしまっていたら明らかにおかしいわけです。なぜなら、70の10％である7よりも小さくならないといけませんから。

「でも、10％とか50％とか90％とかわかりやすいものならいいけど、他はどうしたらいいの？」と思ったかもしれませんね。そんな時は得意のざっくりを出してしまいましょう。70％なら「50％より大きくて90％より小さいくらい」。30％なら、「10％と50％の真ん中くらい」のようにです。**このくらいざっくりで大丈夫です。**概算なら問題ないでしょう。

ただ、次のページでこの割合の計算については画期的な方法をお伝えしていきます。

30％も70％も急激に求めやすくなるので、ぜひ次に紹介する「1％ 10％計算法」を見てみてください。

きづく魔法

- 小数はこわいが、「%」は悪いヤツではない
- 「100のうちいくつ？」で考える
- 円グラフや数直線で考える

パーセントのかけ算が一瞬でできる魔法

1％10％計算法

ここまで「かけ算」の意味をつかんできたみなさんに、素晴らしい魔法を一つお教えしましょう。

パーセントが入り込んだ難しいかけ算。これは、基準を意識した**「1％10％計算法」**（いちぱーじゅっぱー計算法）によって、カンタンに計算することができます。

たとえば、2を10倍、100倍した数字は20と200ですね。次のように、それぞれ0を1個、2個追加したものになります。

2の10倍　＝2×10　→ 20
2の100倍＝2×100 → 200

ということは同様に、**2の10％分、1％分の数は、小数点を1ケタ分、2ケタ分、小さくなるように動かした数ですね。**

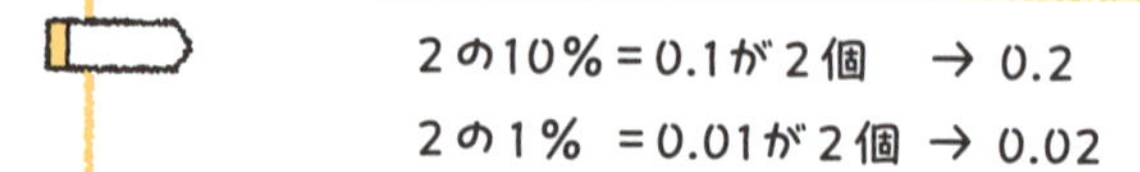

この**「10％」「1％」を基準として先に作っておいて、計算をラクにする。**これが「1％10％計算法」です。

これにより、計算がずーっとしやすくなります。

「えっ。今まで通りだと思うけど」

と思った方へ。**実は、全く違います。**

問題

2500の20%は？

今まで、どう計算してきましたか？　25×2をした後に、ケタを考えたのではないでしょうか。それか電卓ですよね。

今日で、その計算は終わりにしましょう。なぜなら、意味に気づけず、ケタ間違いをしてしまう可能性があるからです。

先ほど学んだ基準を意識した計算法、「1%10%計算法」をやってみましょう。今回は「10%」だけでOKです。まず10%を求めます。

2500の10%は？ → 250

解法 今回求めたい「×20%」は10%の2倍分ですね。つまり**「10%」分である250の2倍**。したがって500です。

2500の10%分を求めてから、その2倍をするのです。

こんな解釈をするだけで、計算が非常に速く、正確になります。

計算を機械的にやらず、「10%の2倍」という**意味でとらえているの**ので、ケタ間違いが起きなくなるのです。ケタをずらして、整えるだけ。計算の精度が一気に上がりますね。

この「1%10%計算法」を用いて%の計算ができるようになると、計算の幅が広がります。

練習問題

36,000円の20%オフの電子レンジ。いくら?

解法 つい80%をかけてしまいそうになるかもしれませんが、まずは10%分を求めてみましょう。

36000の10%は3600ですね。今回知りたい20%はその2倍なので、10%分の3600に×2をして、7,200円になりました。7,000円強の割引ですね。割引後の値段は36000－7000強＝29,000円弱だとわかります。(正確には28,800円)

練習問題

378円の20%引き。いくら?

解法 378円の10%は38円くらい。知りたい20%は38円の2つ分なので38×2＝76。つまり378－76≒300円くらいです。

練習問題

180万円から184万円に売り上げアップ。何%増?

解法 184÷180を電卓で打ってしまうという人が多いのではないでしょうか。でも、こんな面倒な計算もこの方法を使えばカンタンです。

180万の10% → 18万
180万の1% → 1.8万

ですね。184万円と180万円の差は4万円です。

ここで先ほどの1.8万と4万を比べてみましょう。1.8万は2万弱ですね。つまりだいたい2倍※なので、2%強です。

さらに速い 1%10%50%計算法

慣れてきたら、「1%」「10%」にさらに「50%」を加えた「1%10% 50%計算法」もオススメです。

なぜなら、「50%」までわかれば、パーセントの計算のほとんどが暗算でできるようになるからです。よく使う2%と20%も含めた一覧表がこちらになります。

1%分 ⇒ 小さくなるように2ケタずらす
2%分 ⇒ 1%の2倍
5%分 ⇒ 10%の半分(or 1%分の5倍)
10%分 ⇒ 小さくなるように1ケタずらす
20%分 ⇒ 10%の2倍
50%分 ⇒ 半分にする

中でもよく使うのは5%です。1ケタずらして半分ですね。

たとえば、「45%分」を求めるときは、上の一覧表を用いて、50%分から5%分を引いてあげれば、求められます。他のパーセ

※実際は2.22……倍

ントも同様です。

求め方の例　15%→10%＋5%

61%→50%＋10%＋1%

（分解方法は一例です）

練習問題

360円から5%オフのメンチカツ。いくらの割引？

「1%10%50%計算法」で計算してみましょう。

360の10%が36なので、5%は18。

つまり、18円の割引です（あまりお得じゃないですね）。

練習問題

36,000円の26%オフの電子レンジ。いくらの割引？

26%の割引を思い切って「30%弱の割引」とまるめてしまえば、10%分の3600円×3＝10,800円弱の割引だとすぐにわかります。

が、「1%10%50%計算法」でも計算してみましょう。暗算でやるのはちょっと大変なので、トレーニングしたい人だけで大丈夫です。

まず26%は、20%＋5%＋1%と分解できますね※。

36,000の10%は3,600。1%は360。

36,000の50%が18,000なので、5%は1,800です。

※他にも、26%＝25%＋1%とすれば、36,000×25%＝36,000÷4なので、9,000円強だとわかります。

10%×２個分＋５％×１個分＋１％×1個分です。つまり、3,600×2＋1,800＋360＝9,360円の割引ということになります。

だいたい１万円弱の割引ということですね。価格は26,000円強とわかります（正確には、26,640円）。ただ、買い物のシーンならここまで正確でなくてもいいでしょう。

この方法があれば、理論上はほぼすべての%をラクに計算することができます。

例えば、40%を計算したい場合は、いきなり掛け算をするのではなく、「まず50%分を求めて、そこから10%分を引く」のがオススメです。30%の場合は、まず10%を求めて3倍してもいいですし、10%と20%を足して30%にしてもいいですね。

この「1%10%50%法」は、世の中にあるめんどくさいパーセントの計算を一気にラクにする超便利ツールです。これからスーパーなどで割引の計算に出会ったときには、ぜひ一度やってみてください。

きづく魔法

- %のかけ算はそのままやらない
- 先に、１%と10%を計算しておく
- １%の何倍か？ 10%の何倍か？を考える（余裕があれば50%も）
- ケタだけ先に目星をつけてから頭を計算する

先に頭を計算してから
ケタをそろえる

ケタ後回し計算法

ここまで学んできたあなたであれば、いよいよこの魔法が使えるようになるはずです。

それは**「ケタ後回し計算法」**。ここまで読み進められた人なら誰でも使える、**「ケタを絶対に間違えない」計算法です。**

ケタ後回し計算法

1. **ケタを予想する。つまり、意味で考える**
2. **頭の数を計算して出す**
3. **頭の数のケタを後から動かして、答えを出す**

例題

会社員Aさんの「1か月の給料」はいくらでしょう？

300万円　　30万円　　3万円

会社員として働いている人はだいたい正解します。なぜなら、30万円という額に実感があり、意味をきちんととらえることができるからです。このように、数字の中には「なんとなくイメージできる数字」もいます。この無意識の計算の力を借りると、計算でアタマを使わなくてもよくなります。

問題

37×90%

この小数のかけ算の意味に「きづいて」みましょう。

「×90%」は、「ちょっと小さくする」ということです。

つまり、**37よりもちょっと小さい数が答えになる**わけです。どのくらいかはわかりませんが、35とか、30とか、そのくらいでしょうか。

このように、先に計算結果をイメージしてから計算しましょう。おそらくケタが変わることはないでしょうね。なぜならすでに、37よりもちょっと小さい数である30〜35くらいが答えということがわかっているからです。

だから、ケタはもう大丈夫ですね。つまり、37×9を計算すればいいんです。やってみましょう。

37×9がムリ……という方は、普段の計算では37を40にまるめてから計算してもいいですよ。

解法

37×9

=37×(10−1)　逆にして、9×(40-3)でもOK!

=370−37　いったん40を引いてから3を足してもいいですが

=333

となりました。後は、ケタを調整してあげます。30〜35くらいが答えだったので、小数点を適当に動かしましょう。適当で、いいです。

$$333 \rightarrow 33.3 \rightarrow 3.33 \rightarrow 0.333$$

はい、適当に動かしてみましたが**この中で30～35に一番近い数**は？　**そう、「33.3」ですね。**だから、この33.3が答えになるわけです。

どうですか？　いきなりてごわい計算をするより、はるかにラクですよね。

「ざっくりぴったり算」との合体魔法を使おう

問題

2.9×9%

この問題はどうでしょうか。イヤですね。

2種類考え方があります。

解法1 2.9の9%分。9%は、「90%の10%」です。つまり、「×9%」は「×10%×90%」。これは「1ケタ小さくして（10%）、さらに、ちょっと小さくする（90%）」という意味になります。

後は、「ケタ後回し計算法」でやっていきます。2.9を1ケタ小さくすると、0.29。これをさらにちょっと小さくしますから、0.25くらい？と予想できます。後は、ケタを考えないで目の前の計算を進めていきます。

$29 \times 9 = 9 \times 29$

$= 9 \times (30 - 1)$ ざっくりぴったり算

$= 270 - 9$

$= 261$

となります。0.25くらいが答えということですから、適当に小数点を動かして、0.261が答えになるわけです。でも、これはちょっと難しく感じたかもしれません。

解法2 かけ算を逆にして意味で考える方法です。

9%が2.9個

ズバリ、**9%が3個くらいある**、と考えてみましょう。答えは、27%くらい、となりますね。後は、3個よりもちょっと少ないということですので、27%よりも若干小さくなりそうと予想できます。

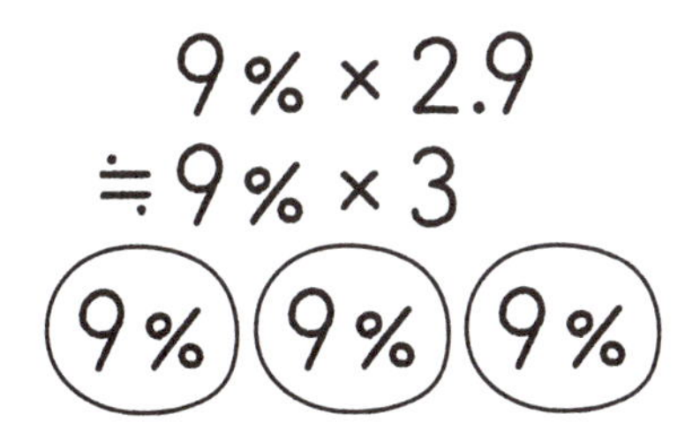

後は解法1と同じように261を求めてから、ケタを調整します。すると26.1%（＝0.261）と求められるわけです。

こちらのほうがイメージはしやすいかもしれませんね。大事なのは、「この計算はどうすれば一番サボれるか？」を考えることです。全力でかわいくしてしまいましょう。

練習問題

7,600万円の売り上げが20%ダウン。いくら減った？

ちょっと「うっ」ってなりますよね。でも大丈夫です。

20%は、1/5です。今回だと1,000万〜2,000万円の間くらいになりそうですね。

頭を計算すると、76×2で152。

そのあとケタをずらしていきます。

1,520万円　　152万円　　15.2万円

1,520万以外は小さすぎますね。したがって売り上げは1,520万円のダウンです。

練習問題

前年180万円の売り上げが、40%増加。いくら増えた？

40%というと、「半分弱」くらいですね。180万円の半分の90万円より、ちょっと小さい額になりそうです。

頭は18×4＝72なので、ケタをずらしていきましょう。

720万円　　72万円　　7.2万円

ありました。つまり72万円ですね。

きづく魔法

- 一気に計算せずに、サボる方法を考えよう
- ケタだけ先に目星をつけてから頭を計算する

割り算は3つのとらえ方で

「分ける」「回転数」「1基準」の割り算

さあ、最後に、割り算を見ていきましょう。

割り算をてなずけられれば、とても楽しく計算と向き合えるようになりますよ！

大きく3つの意味があります。

です。

$$100 \div 4 = 25$$

を例にして考えてみましょう。

A 100を4つに分ける（分ける）

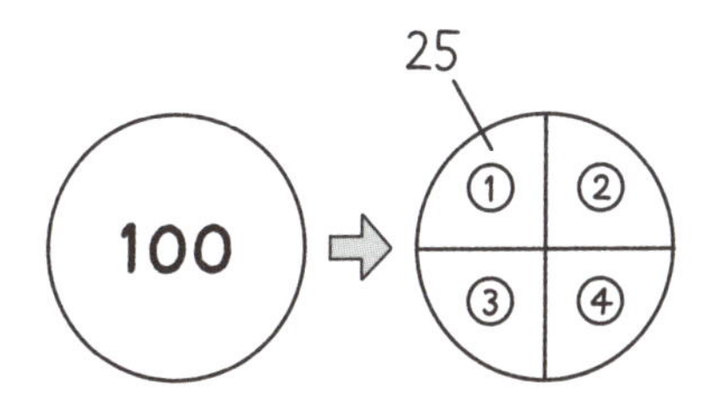

Aは明らかですね。100を4分割しましょう。

B 100の中に4はいくつ入っているか？（回転数）

Bは、4がいくつ分入っているか、ということです。100の中に4が何回繰り返されているか、という考え方ですね。実際に数えてみましょうか。

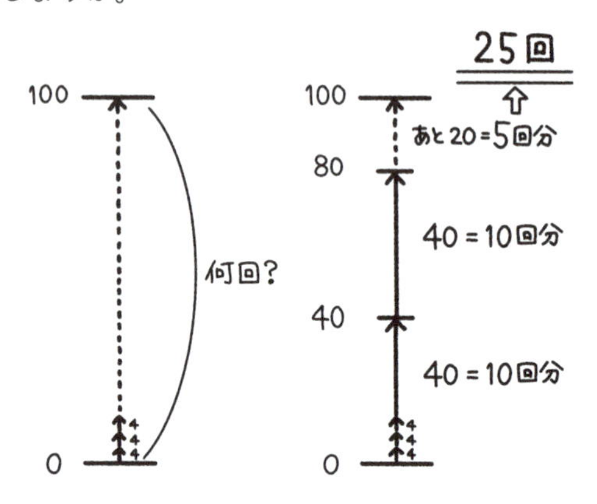

C 4に対しての100は、1に対してのいくつか？（1基準）

Cについてはどうでしょうか。4に対しての100は1に対してのいくつか、というのも具体例ならイメージしやすいです。

たとえば、4つで100円の商品があったとします。1つあたりならいくらですか？という意味です。

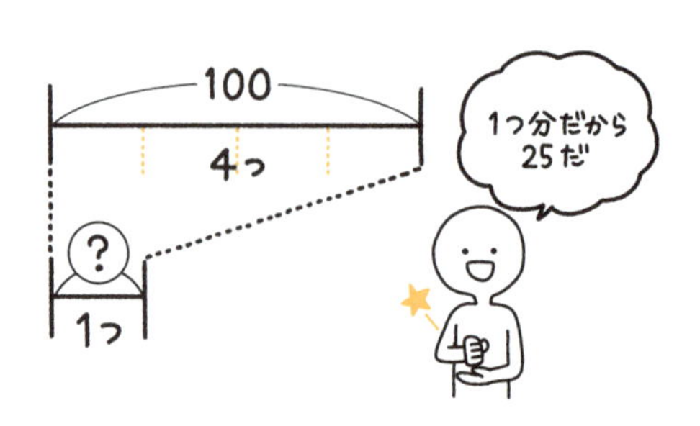

100÷4の割る数である「4」を基準、つまり1と置いて考えようということですね。

どれがわかりやすかったでしょうか？　シチュエーションに応じて、一番わかりやすいとらえ方に変えてしまうのがオススメです。

ピラミッドと東京スカイツリーを比べる

B（回転数）とC（1基準）を理解できると、割り算が得意になります。そのために、詳しく考えてみましょう。

大丈夫です。必ず、わかりますよ。

問題

クフ王のピラミッドと東京スカイツリー®、どちらがどのくらい高いと思いますか？

解法 クフ王のピラミッドの高さはおおよそ147mです。それに対してスカイツリーは634m。つまりスカイツリーのほうが高いです。

では、どれくらい高いのでしょうか？　比べてみましょう。

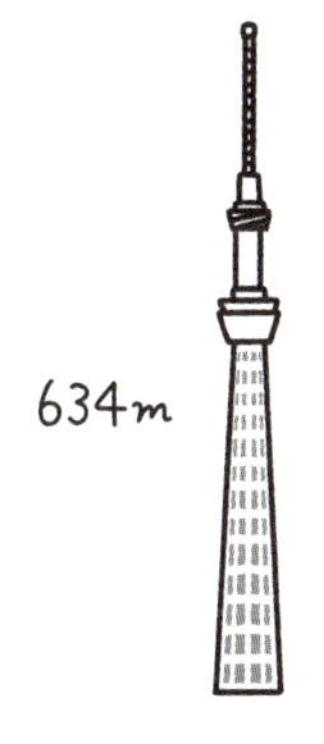

まず、このとき、どちらを基準においてもよいわけです。

① ピラミッドを基準にして、スカイツリーを見る

式　「スカイツリー÷ピラミッド」

割る数は基準でしたね。つまり、ピラミッドが割る数です。

つまり、

634÷147＝約4.3

となります。これを言葉にしてみましょう。

Ⓑ スカイツリーは、ピラミッド4.3個分（回転数）

Ⓒ ピラミッドの大きさを1とすると、スカイツリーは4.3（1基準）

Bはピラミッドが何個分か数えています。Cは、ピラミッドの大きさを1として、そのときのスカイツリーの大きさを見ていますね。

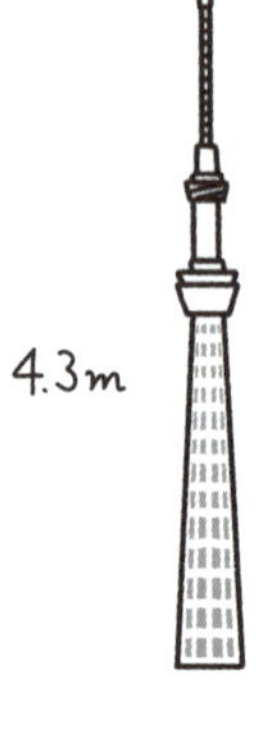

❷ スカイツリーを基準にして、ピラミッドを見る

式 「ピラミッド÷スカイツリー」

今度はスカイツリーを基準にしてみましょう。

147÷634＝約0.232（23.2%）

となります。スカイツリーを基準においたとき、ピラミッドは約0.23個分になるということです。これも言葉にしてみましょう。

B ピラミッドは、スカイツリー0.23個分（回転数）

C スカイツリーの大きさを1とすると、ピラミッドは0.23（1基準）

Cの意味で解釈したほうがわかりやすいです。こちらもイラストで表すと次のようになります。Bの0.23個分だと、ちょっと違和感があるかもしれません。何個分？と聞かれているのに、1個分よりも小さくなるので変に感じるわけですね。

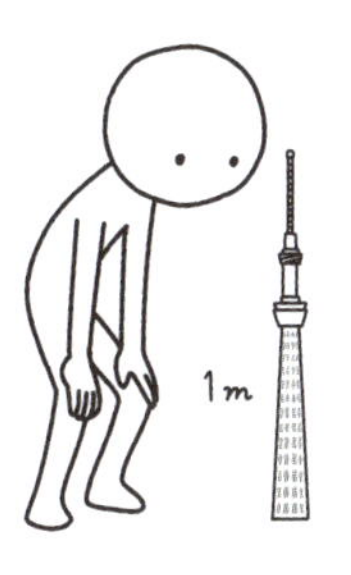

きづく魔法

- 割り算は3種類
  「分ける」「回転数」「1基準」の割り算
- しっくりこないイメージは使わない。一番しっくりくるもので考える

小数の割り算は B(回転数)、C(1基準)がオススメ

これを使って、小数の割り算を考えてみましょう。

問題

[例1] 75÷1.5=50

A (分ける) 75を1.5等分する
B (回転数) 75の中に1.5が何個分入っているか?
C (1基準) 1.5に対しての75は、1に対してのいくつか?

この問題については、A(分ける)では意味がわかりづらいですね。1.5等分…、つまり、1つ半に分けるということですが、難しく感じます。

意味がよくわからない場合は、無理にAで解釈する必要はありません。B(回転数)やC(1基準)なら理解できそうな気がしませんか?

B (回転数)

「75の中に1.5が何個分入っているか?」ということなので、数えてみましょう。1.5が10個あると、15ですね。その倍の20個あると、30。このように適当な数字を入れて考えてみると、75のためには50個必要そうです。

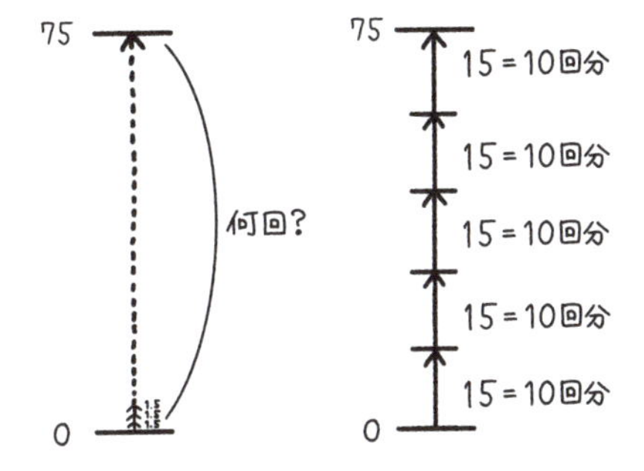

C（1基準）

これも具体例ならわかりやすいです。1.5時間で75km進んだのであれば、1時間あたり50kmということです。

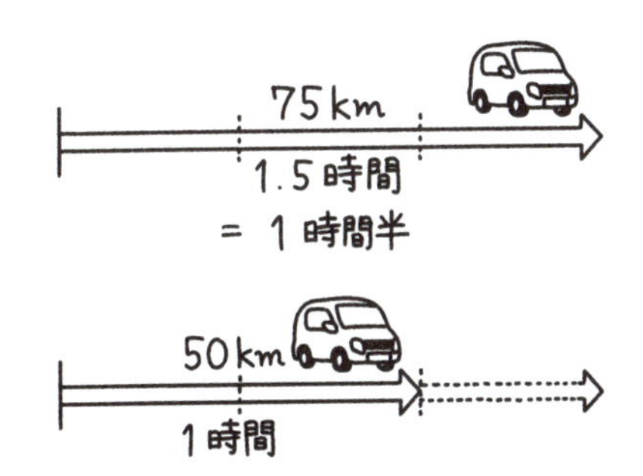

自分が一番わかりやすい意味で割り算を使えるようになれば、慌てることが減っていきます。

きづく魔法

- ✓ **小数の割り算はB（回転数）、C（1基準）がオススメ**

%の割り算もB(回転数)、C(1基準)で解決

「パーセント」が入っている割り算も、B(回転数)、C(1基準)がオススメです。

問題

4÷50%

解法 このままだと何がなんだかよくわからないですね。「%」の割り算でピンと来ない時は、いったん小数にしてみましょう。50%は0.5と同じですね。

B(回転数)

0.5(=50%)で割ることは、「4の中に0.5が何個入っているか？」ということです。何個入りますか？　8個ですね。よって答えは8です。

なお、4という数が0.5で割ることによって8になっています。つまり、0.5で割ることは2倍することと同じなのです。

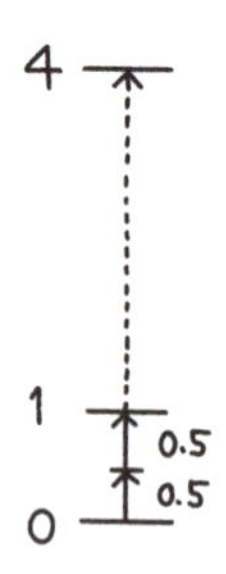

C(1基準)

「0.5に対して4。これは1あたりどのくらいの量か？」という意味です。次のページの図がわかりやすいと思います。速さ・時間・距離の関係でたとえてみれば、「0.5時間で4㎞進む。このとき、1時間あたりどのくらい進むか？」と解釈してみるとよいでしょう。1時間で8㎞進む、ですね。

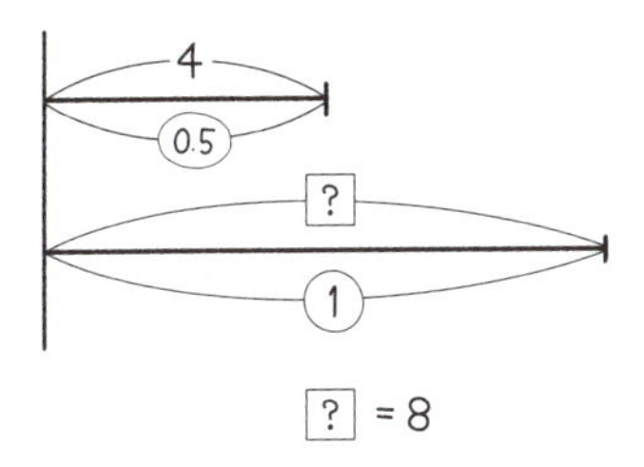

? =8

よく「割っているのに、答えがなぜか大きくなった？」と疑問を持つ方がいますが、これは全く問題ありません。これらの図を見ると、その意味がわかってくると思います。

「部分」から「全体」を求める計算

小数や%の割り算の意味は絵で考えるとわかりやすくなります。

問題

全体の50%の量の仕事が終わって、それが100件だった場合、全体の件数は？

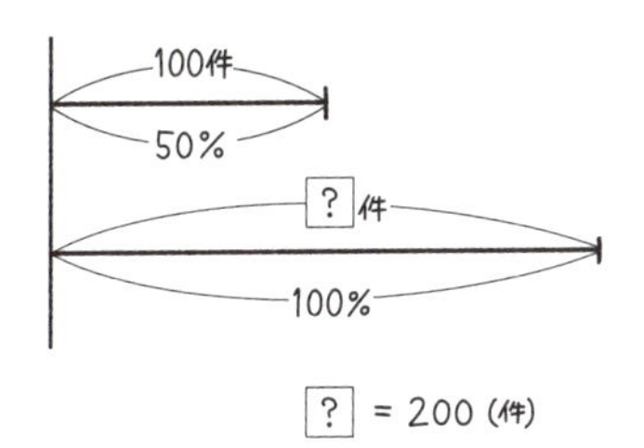

? = 200 (件)

解法 **全体の件数=100件/(50%)=200**

と計算できます。なぜこの計算式になるのか一緒に考えていきましょう。

図をじっくり眺めてみると、50%に対して、100件が対応していることがわかりますね。「この50％が100％に到達したら何件なのか」ということです。C（１基準）の考え方になります。

他にも問題を解いていきましょう。

問題

18÷25％

解法「÷25％」ですので、÷0.25。つまり、４倍する、ということですね。18の４倍ですから、答えは72となります。

問題

72÷90％

解法「÷90％」はC（１基準）がわかりやすいです。90％で72ですから、100％ならもうちょっとだけ量が増えるわけです。

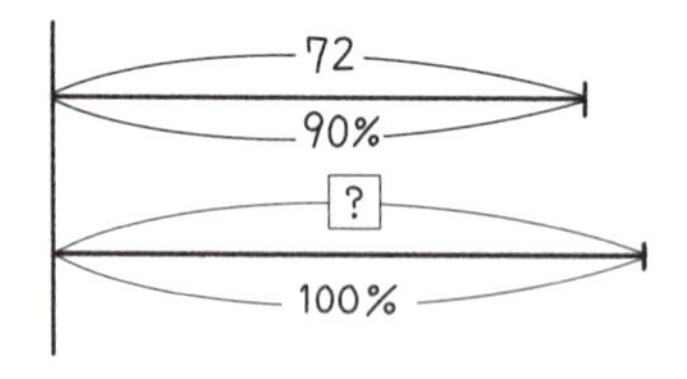

ちょっと大きくなるな、と思いながら計算してみてください。ケタは考えなくてよいですね。

72÷9＝8

ということは、後はケタをずらしてあげましょう。ケタ後回し計算法です。

8、80、800

となれば、答えは80の一択になります。72よりもちょっと増えるという意味なので、それ以外の答えはありえないですね。

問題

70÷5%

解法 応用として「÷５％」も考えてみましょう。5%は10%の半分（50%）ですね。つまり「÷５％」は、「÷10%÷50%」と同じ意味になります。つまり、「１ケタ大きくして（÷10%）」「２倍にする（÷50%）」ということです。

70÷5%＝70÷10%÷50%＝700÷50%＝1400

どうでしょうか？　わかりやすくなった人もいるかもしれませんが、もしかすると「もう限界」となっている人もいるかもしれませんね。

そんな方のために、次のページで、こんな難しいことを考える必要のない魔法、秘密の「ともだち番号」を紹介しましょう。

きづく魔法

- %の割り算は小数に直して考えたほうがかわいい
- B（回転数）、C（１基準）がオススメ
- 難しければ、次のページの秘密の「ともだち番号」を使う

パーセントを1ケタの計算に変える魔法

秘密のともだち番号

25%分を求める

これ、どういう意味かパッと浮かびますか？　円グラフでいえばこちら。

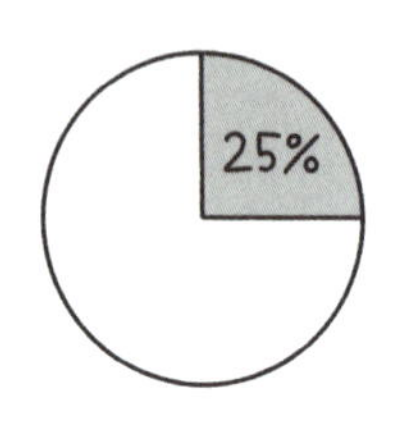

この円グラフをじっと見れば、４つに分けたときの１つ分。つまり、1/4と等しいということに気づきます。

つまり、25%分を求めることは、４つに分けたときの１つ分を求めること、すなわち、４で割ることと一緒だったんですね。この関係をまとめると、次のようになります。

「×25%」⇔「÷4」

他にも50%分を求めることは２で割ることと同じでしたね。

「×50%」⇔「÷2」

このように解釈していけば、「÷50%」は、２倍。「÷25%」は４倍になります。「÷10%」は、10倍（１ケタ上げる）、と一緒です。

つまり、かけ算のときと逆になります。かけ算で1/2であれば、割り算で約２倍。かけ算で1/4となれば、割り算で4倍となるわけです。

つまり、「25％」は、「４」とパートナー・唯一無二のともだちの関係にあるわけです。

この25％と、４の関係のことを「**ともだち番号**」と呼びましょう。25％の「ともだち番号」は４で、４の「ともだち番号」は25％です。先ほどの25％の円グラフに注目してみましょう。25％量は全部で４つ入りそうですよね。だから４倍です。

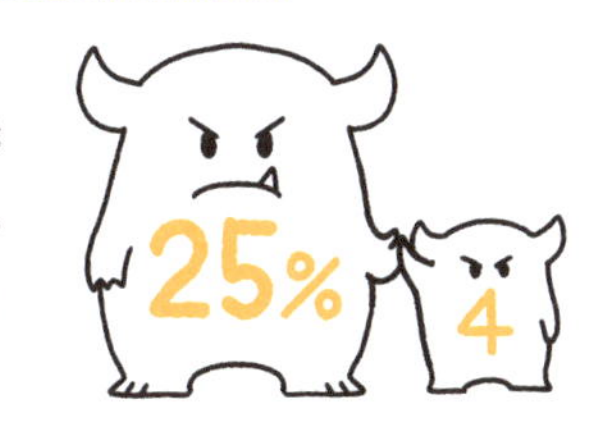

この数字の関係を覚えると、計算の見え方がグッと変わってきます。実際に図を書いて他の「ともだち番号」を探してみましょう。

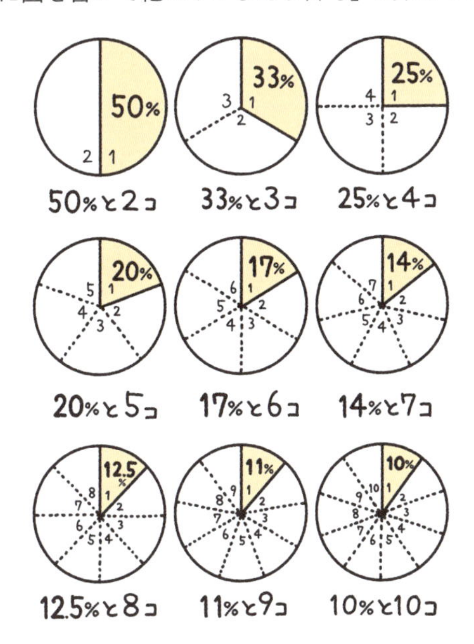

さて、どうでしょうか※。

※若干のズレを許しています。

「ともだち番号」は、**かけ算と割り算を意味でとらえる計算法**です。できるだけ2ケタのかけ算・割り算をしないために、「**よく出てくる数字を覚えてしまいましょう！**」というアイデアです。

ここに出てこない数字が出てきたら、たとえば「÷5と÷6の間くらいかなぁ」と考えてください。**ざっくりでOKです**※。

問題

476円のお弁当。25%引きだといくら？

解法 75%をかけてしまいそうになりますが、やめましょう。

476円はだいたい480円でいいでしょう。25%のともだち番号は4なので、まずアタマの数48を4で割ります。

48÷4=12

1,200円引き？　120円引き？　12円引き？

となるとだいたい120円引きなので、だいたい360円くらいだとわかります（実際は357円）。

問題

アンケート調査をしたところ「17%」の人がその施策について反対しました。

解法 17%の「ともだち番号」は、6。つまり、これは6人中1人が反対したということです。

17%という意味がわかりづらいものが、**6人中1人**となれば、とてもわかりやすく感じませんか？　若干のズレはあるものの概

※カンのいい方はお気づきかもしれませんが、「ともだち番号」は、かけ合わせておよそ1（=100%）になる数字の組み合わせになっています。ちょっと応用ワザですが、うまく使うと「しつける」でも計算がラクになります。

算ならこれで十分です。

この「ともだち番号」は計算にも応用できます。

練習問題

4200×14%

解法「×14%」は「÷7」とほぼ等しいので、7で割りましょう。

4200÷7=600

14のかけ算をするより、だいぶ簡単ですよね。

ともだち番号なら割り算も1ケタのかけ算に

問題

1÷0.5

解法 今度は割り算です。「1を50%で割る」とは、どういう意味かパッと浮かびますか？　浮かびませんよね。

では、133ページで学んだB「回転数」で考えてみましょう。1の中に、50%は何個分ありますか？

50%は0.5。つまり、1の中には50%が2個ありますね。つまり、2です。

「÷0.5」は、2倍することなのです。

同様に、「÷0.25」は、4倍することになります。「1の中に0.25が何個分ありますか？」と解釈できます。図も見てみましょう。

1
0.5
0

それではこの「ともだち番号」を割り算にも応用していきましょう。

問題

600÷0.14

解法 0.14は14%のことです。「÷14%」となれば、「×7」と等しいということですね。

600×7=4200

14%で割るよりもずっと簡単に計算をすることができますね。

ちなみにこれは説明の都合上「%」と「1ケタの数字」で書いていますが、普通のかけ算や割り算にもうまく応用することができます。

問題

32,000円の送別品。17人で割るといくら？

解法 10人で割ると3,200円。20人で割るとその半分の1,600円なので、答えは1,600〜3,200円の間になりますね。

ケタの目安がついたので、ケタは後回しにして考えましょう。

17%の「ともだち番号」は6。ケタはいったん無視して、÷17は×6していいわけです。

32×6=192

19,200円？　1,920円？　192円？

ありました。つまり、1,920円くらいです（実際は1,882円）。

きづく魔法

- 面倒な％・小数の計算に出会ったら秘密の「ともだち番号」を見る
- 50％は2、33％は3、25％は4、20％は5、12.5％は8、11％は9（余裕があれば、17％は6、14％は7）。
- 秘密のともだち番号は、普通のかけ算・割り算にも使える

秘密の「ともだち番号」と「1%10%計算法」「ケタ後回し計算法」を組み合わせる

18×50%

24×25%

こんな感じであれば比較的簡単ですね。50%分は、「÷2」でしたし、25%分を求めることは、「÷4」で考えることができました。

問題

[例1] 600÷1100

[例2] 21×0.014

さあ、どうでしょう。0や小数点が出てきて難しいですね。

ここで、「ともだち番号」を用いて計算の幅を広げていく方法をご紹介しましょう。

問題

[例1] 600÷1,100

解法 600の2倍は1,200ですね。なので答えはざっくり半分くらいです。だいたい「0.5前後」になりそうです。

後は、頭の数を考えていきましょう。「÷1,100」なのですが、そのままだと面倒ですね。なので一回「0」を無視しましょう。「÷11」が使えそうですね。「÷11」のともだち番号は「×9%」です。ケタは後で考えればいいので、先に「×9」します。

600×9=5,400

となりました。そこから後は、ケタを適当にずらしていきます。

0.054?　　0.54?　　5.4?　　54?

と見て言えば、0.5（50%）くらいが答えになりますから、約0.54が答えになります（正確には0.545…となります）。これ以外の方法が解きやすいという人は、それでも大丈夫です。

問題

[例2] 21×0.014

解法 14%のともだち番号は7ですが、答えのケタがよくわからなくなりそうです。

0.014は1.4%です。ここで一回、「1%強」と考えてみましょう。すると、21のケタを2つ下げたものが答えだとわかります。

21⇒2.1⇒0.21。つまり、ざっくり0.21付近だということです。ただ実際の答えは1%ではなく1.4%なので、0.21よりも大きい答えが出そうです。14%の「ともだち番号」が7でしたね。

21×0.014 ⇒ 21÷7=3

このとき、ケタの計算は無視しています。

しかし、答えは0.21よりもちょっと大きいということですから、

3 ⇒ 約0.3

にしてしまいましょう。したがって答えはだいたい0.3です（正確には0.294となります）。

もし、「21の1%分」を考えるのが大変なら、かけ算を逆にして、「1%の約20個強」ならどうでしょう。20%強とすぐにわかりそうです。

きづく魔法

✓「ともだち番号」と、意味付けをしながら計算する

練習問題

28×0.025

解答例

28×0.025

25%の「ともだち番号」は4でしたね。ケタを無視して、「×0.025」→「÷4」にしてしまいましょう。

⇒ 28÷4=7

次に、ケタについて考えます。0.025は「2%ちょい」ですね。28の2%ちょいですから、0.28の2倍くらい？　もしくは逆にして、2%の30個くらい？　という予想ができます。60%ですね。

よって、答えは0.7(70%)です。

「きづく」のまとめ

引き算

- 引き算は「基準」の意味で考えてみる
  「減少」と「差」の引き算
- 答えがマイナスになるときは、東西で考える
- **ざっくりぴったり算** で繰り上がり・繰り下がりをかわいく計算する

かけ算

- かけ算は「何個あるか?」をイメージする
- 一番カンタンなイメージを選べばかわいくなる
- 小数はこわいが、「%」は悪いやつではない
- 「100のうちいくつ?」で考える
- 円グラフや数直線で考える

1%10%計算法

- 先に、1%と10%を計算しておく
- 1%の何倍か?10%の何倍か?を考える
  (余裕があれば50%も)
- ケタだけ先に目星をつけてから頭を計算する

割り算

- 割り算は3種類 **「分ける」「回転数」「1基準」の割り算**
- しっくりこないイメージは使わない。
  一番しっくりくるもので考える
- 小数や%の割り算はB(回転数)かC(1基準)がオススメ

秘密のともだち番号

- 面倒な%・小数の計算に出会ったら
  秘密のともだち番号 を見る
- 50%は2、33%は3、25%は4、20%は5、12.5%は8、11%は9(余裕があれば、17%は6、14%は7)。
- 秘密の「ともだち番号」は、普通のかけ算・割り算にも使える

くらべる

kuraberu

あの怪物の、理解できない考えや行動

でも、自分の身近なものとくらべたら、きっと、わかる

Before

これまで

数字を
そのまま扱う

After

これから

くらべて、
身近に感じる

数字の大小をつかむ「くらべる」魔法

数字の大小は
くらべて初めてわかる

1万円

これって多いと思いますか？　少ないと思いますか？

1か月の給料となれば「少ない」ですし、ランチで使った金額と考えてみれば、「多い」と感じる方がほとんどでしょう。

小学生のおこづかいにしては「多い」ですし、会社の役員の1か月のおこづかいだとすると「少ない」ですね。

日本の人口：1億2,000万人

これって多いと思いますか？　少ないと思いますか？

「うーん、多いんじゃないですかね？」

「少ないんじゃないんですか？」

いろんな考え方がありそうですね。

これも、1万円の考え方と同じです。

アメリカの人口3億人超とくらべたら少ない。
でも韓国の人口5,000万人とくらべたら多い。

そう、**何とくらべるかによって、数の大きい・小さいは変わる**のです。

これは、数字全般について言えることです。数字の「大きい」「小さい」を考えるためには、くらべるための基準が必要です。

本書では、これを**「キーナンバー」**と呼びます。

他のものとくらべると、数字の意味がわかる

「きづく」で学んだことは、「計算の意味を考える」ということでした。しかし、計算の意味を考えただけでは、すべてを解決することはできません。なぜなら、**数字の意味を考えていないから。**

200円のパン

パン屋で売っているこのパンが安いかどうかはどうすればわかるでしょうか。他の店のパンとくらべたいですよね？　激安パン屋さんが近くにあるかもしれません。

つまり、その数字を評価するためには、それをくらべるための「基準」が必要なのです。

10円のパン

これって安いですよね？　普段からパンを買っている人ならすぐわかると思います。なぜなら、10円のパンを売っている店はほとんどないからです。パン屋さんのパンは一般的に「200円弱～500円くらいで売られていそう」という“基準”がなんとなくありますよね。だから、安く感じるわけです。

あなたの所属している会社にもキーナンバーがあります。

わかりやすいところでいえば、「目標」がこれに当たります。1日で10件訪問、1か月で100万円の売り上げ、などなど。

たとえば売り上げの目標が100万円だとして、今80万円なら、どうでしょう。「20万円足りない」または、「目標に対して80%」と解釈できます。

このとき目標値は基準となっていますね。これもキーナンバーです。基準があると**数字の価値を評価できるようになる**のです。

数字に意味が与えられるのは、他のものと比べたときです。つまり「くらべる」は、これまできづけていない**数字の意味に「きづく」ための魔法**です。キーナンバーがないと、数字に「きづく」ことすらできませんからね。

くらべる魔法

- 数字は他のものと「くらべる」ことで初めて意味がわかる
- 「くらべる」には基準となるキーナンバーが必要

「大きすぎる」数字に「きづく」ためのキーナンバー

この「くらべる」が特に効果を発揮する時があります。

それは、**「大きすぎる数字」と向き合う時**です。

みなさんも、1億や10億単位の大きすぎてよくわからない数字を耳にすることがあると思います。

ビジネス上の数字やニュースの数字で、こんな大きな数字を聞いたことがありませんか？

今年度の売上高：50億円

国家予算：100兆円

「大きすぎる数字が苦手」という人は多いと思います。

こういった数字を聞くたびに「なんだか、大きい数字だなぁ」と思ったままにしていないでしょうか。

それ、要注意です。なぜなら、**数字の意味に「きづけて」いないから**です。

2個とか、1万円とか、それくらいの日常生活でよく使う数字であれば、みなさんの頭の中に無意識のうちにキーナンバーが入っています。だから、こういった数字はカンタンに「きづく」ことができました。

しかし、**億とか兆などの数字は、みなさんの日常生活で使うことがありません**。だから、大きすぎる数字を見た時に、つい「扱いづらそうだな」と感じてしまい、無意識に避けてしまいます。こうして、数字を「こわい」と感じてしまうのです。

でもそれは、私から言わせてみれば、**単に「普段使っていないから、こわく感じる」。ただそれだけです**。

たとえば

50,000㎡

と聞いただけでは、どれくらいの広さなのかわかりませんよね。ちなみにこれはよく聞く「東京ドーム1個分くらい」の面積です。

よくテレビなどで使われる表現ですが、東京ドームに行ったことがないとわからないですよね。ちなみに言い換えると「1辺が220mくらいの正方形」のサイズです。

さて、数字単体を聞いたときと、このイメージを膨らませたとき。どちらがより「きづく」ことができましたか？　おそらく後者ではないかと思います。

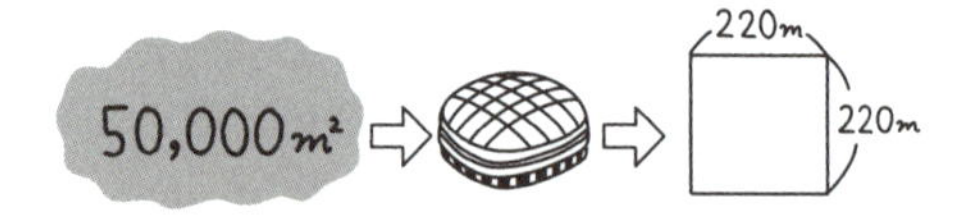

基準があれば、その数字の意味がわかるようになります。

だから**キーナンバーを身体に染み込ませてください**。

これまで「こわい」と思っていた数字も、「だいたいあれくらいだな」とイメージできれば、急にかわいく見えてきますよ。

くらべる魔法

- **「大きすぎる数字」がこわいのは、日常生活で使わないから**
- **魔法のキーナンバーを身体に染み込ませると「きづきやすく」なる**

キーナンバーは「ざっくり」「まとまり」「ストーリー」で覚える

では、キーナンバーはどうやって手に入れるのでしょうか。

すみません、これは残念ながら、覚えるしかありません。

知識として必要なのです……。

でも、「数字を暗記するのはつらい……」「暗記は苦手……」という人も安心してください。覚えられる方法があります。

突然ですが、ロシアの文豪「ドストエフスキー」の代表作である『罪と罰』の登場人物を3人あげましょう。

- ロジオン・ロマーヌイチ・ラスコーリニコフ
- アヴドーチヤ・ロマーノヴナ・ラスコーリニコワ
- プリヘーリヤ・アレクサンドロヴナ・ラスコーリニコワ

どうでしょう。しっくりきますか？　私はもう、ダメです。全く覚えられません。日本人には覚えづらいものばかりです。しかし、ロシア人にとっては覚えやすく、その名前から人物のイメージが浮かびやすいのでしょう。

数字が苦手な人から見たときの数字は、まさにこのように見えていると思います。

これは**聞き慣れていない、読み慣れていないから**、です。

このように数字を見てはいけません。逆に言えば、このように見ないことこそがコツです。

この本には、日常やビジネスで使うキーナンバーをできるだけたくさん載せています。

そのオススメの覚え方を３つ紹介しましょう。

1 ざっくりで覚える

日本の人口は約１億2,000万人ですが、**ざっくり言えば１億人です**。覚えられなかったら１億人でよいです。「まるめる」ですね。

人口はどうせ覚えても変わります。現在、人口が減っていますから、そのうち１億人になります。キーナンバーは変わるので、正確に覚える必要はそもそもありません。

2 まとまりで覚える

アメリカの人口の３億3,000万人は、**「日本の人口の約３倍」**です。このほうが覚えやすいという人が多いのではないでしょうか。さらに韓国の人口5,000万人も、**「日本の約半分」**です。**「アメリカは３倍、韓国は半分」**。数字だけを覚えるより、ずいぶんラクですね。

このように数字と数字をひもづけるのがオススメです。

③ ストーリーで覚える

フランスやイタリアなどの国の人口は日本の半分くらいしかありません（仏：6,800万人、伊：5,900万人）。しかし、EU（欧州連合）全体の人口は27か国計4億5,000万人にもなり、アメリカを超えます。

実はEUの設立には、アメリカに匹敵する経済規模を持つ統合体をつくり、国際社会での影響力を高めるという目的がありました。だから、アメリカの人口よりもEUの人口のほうが大きくなっています。

このようなストーリーを持って覚えると、記憶に残りやすくなります。

くらべる魔法

- ✓ **基準となるキーナンバーは知識として習得する**
- ✓ **「ざっくり」「まとまり」「ストーリー」で覚えよう**

覚えるほど数字に強くなる「基準」

魔法のキーナンバー

さて、ここからキーナンバーを紹介していきます。

最初こそ覚えるのが大変に感じるかもしれませんが、実は**覚えれば覚えるほど、数字のつながりが見えてきて、覚えるのがラクになっていきます**。不思議な感覚になるかもしれません。

これまで学んだ、「まるめる」「ちいさくする」「きづく」の３つを意識しながらキーナンバーを覚えましょう。もし覚えるのが面倒であれば、このページをいつでも見られるように会社の机に置いておくときっと役に立つはずです。

金額	10万円、100万円、1000万円、 １億～１兆～100兆まで

10万円

世の中の10万円するもの

➔ エアコン１台、月1000円のサブスクに８年入ったときの累計費用、iPhone16 １台分

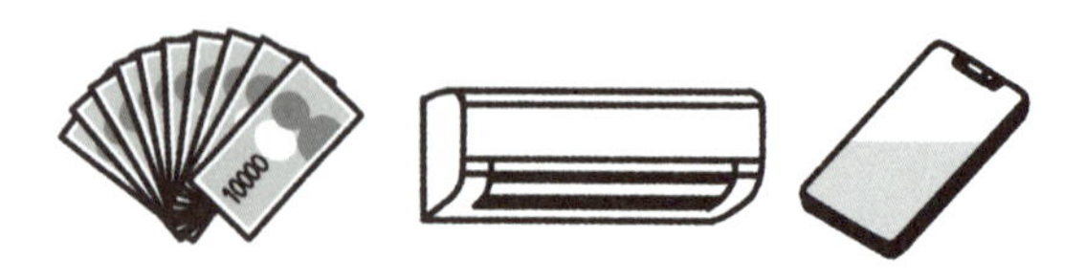

平日に400円を節約したら1年間で得られる金額
約250日×400円＝10万円

平日、仕事場に向かうときに買っているコーヒーを毎日買うのをやめ、水筒を持参して１日400円の節約をしたとき、１年後に貯まるのが10万円です。

逆に、美味しいコーヒーを毎日我慢する生活を続けて10万円しか節約できないなら、節約なんてしたくない！と思う方もいるかもしれませんね。どう思うかは自由です！

厚さ:0.1㎜×10枚＝1㎜

１万円札の厚さは0.1㎜程度なので、10万円だとおおよそ１㎜です。

100万円

世の中の100万円するもの

- 軽自動車１台、私立大学の年間授業料、アップライトピアノ、月１万円の電気代を８年払い続けたときの累計費用、月８万円の食費がかかる家庭の１年間の食費

1日300円弱を10年支払いつづけたときの累計金額
約274円×365日×10年＝100万円

「100万円のピアノを購入したい！」と思ったものの、家族の反対が。100万円って大金ですよね。100万円を貯めようと思ったら、10年間毎日300円を貯金する必要があります。逆に言えば、ピアノを諦めれば毎日300円分10年間贅沢して暮らせるということでもあります。みなさんはどちらを選びますか？

厚さ：0.1㎜×100枚＝10㎜（1㎝）

100万円の札束って持ったことありますか？　実は、ちょうど1㎝。1円玉の横幅が2㎝ですので、その半分になります。意外と厚さがないですね。

1,000万円

世の中の1,000万円するもの

- 高級車1台（レクサス、ベンツetc.）、海外MBA学費（2年間）、家賃10万円で8年住んだときの累計費用、中型クルーザー（30フィート程度）

1日700円弱を40年貯めつづけたときの累計金額
約685円×365日×40年＝1,000万円

今30歳、将来に不安を抱いている若者が、1,000万円の資産をつくりたい、と考えたとします。仮に70歳までに貯めるとしましょう。いくらずつ貯金をすればよいのでしょうか。単純に割り算していけば、1日700円弱（684.9円）になります。おおよそ1か月で2万円ほどのお金を貯めていければ、40年後に1,000万円になります。「1,000万じゃなくて2,000万円」と思うなら、その2倍の1,400円を貯めればよいでしょう。

厚さ：0.1㎜×1,000枚＝100㎜（10㎝）

厚さだと10cm。結構迫力がありますね。

面積：縦…76㎜×40枚＝3040㎜（3.04m）、
横…160㎜×25枚＝4000㎜（4m）
3m×4m＝12㎡（約7畳）

7畳くらいの部屋に1万円札を敷き詰めてみてください。部屋いっぱいに並べたとき、1,000万円となります。

1億円

世の中の1億円するもの

➔ 代表的なものは、コンビニ1店舗のおよそ半年分の売上高の目安※、ファミレスや牛丼店などの人気チェーン店における1

※あくまで目安ですので、店の場所や広さによって異なる場合があります。

店舗あたり１年間の売上高の目安、都心の新築マンションの販売価格、年収500万円で20年働いたときの累計年収、など。

1万人が1万円を払ったときの合計金額
1万人×1万円＝1億円

両国国技館（約１万1,000人収容）で入場料１人１万円のコンサートが満員で開催されたときの売上高が１億円です。たった１回のコンサートで１億円の売上高とはすごいですね！

厚さ：0.1㎜×１万枚＝1,000㎜（1m）

１億円を１万円札で用意すると、なんと1ｍの厚さになります。ちなみに重さ約10kg！　２ℓの水のペットボトル５本分の重さになります。

10億円

世の中の10億円するもの

- 中型のスーパーマーケットの年間売上高、プライベートジェット機１台。

金額：7万人×14,000円＝約10億円

年末ジャンボ宝くじ１等（前後賞含む）の当せん金額としても有名な10億円！　これは、日産スタジアムで考えてみるとよいでしょう。約72,000人収容なのですが、その満員の人たちが14,000円ほどチケット代を払えば10億円です！

厚さ：0.1mm×10万枚＝10m

重さ：1g×10万枚＝100,000g＝100kg

10億円。もう持てません。重ねると10m。1万円札が10万枚になりますので、なんと重さ100kg！　よほどの筋力がなければ持ち運びはできません。たった1人で銀行強盗をする場合、この金額の持ち運びはできないですね。

100億円

世の中の100億円するもの

100億円を超えてくると、巨大な乗り物や構造物も建てられるようになります。

みなさんが海外に行くときに乗るであろうジャンボジェット機（例：JALのボーイング777型機）は約250億円ほどとなります。

また、東京スカイツリーの建設費は約400億円といわれています。100億円からだいぶはみ出てしまいますが、100億円もあれば、巨大なモノが造れたりするということですね。

ちなみに、超高額なアート作品が100億円で売買されることもあります。2017年に、前澤友作氏が購入したアート作品の値段がなんと123億円！　100億とちょっとです（23億円はちょっとではないのですが、誤差に思えるくらい大きいですね）。大きなニュースとなりました。

厚さ：0.1mm×100万枚＝100m

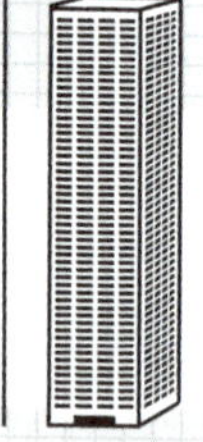

地上から100mだと、マンションの１階分を４mとした場合は25階、３mだとしたら33階に当たります。

面積：縦…76mm×1,000枚＝76,000mm（76m）、
横…160mm×1,000枚＝160,000mm（160m）
160m×76m＝12,160㎡（約1.2ha）

１万円札を地面に並べていけば、なんとその面積は１万㎡（1ha）を超えることとなります。

サッカーコートの広さは約0.7haで、陸上競技場のトラックの内側の面積が約１haなのですが、それよりも若干広いですね。

1,000億円

世の中の1,000億円するもの

ビジネスでも、この1,000億円規模を超えてくると、知名度がグッと上がってくる印象です。売り上げが1,000億円を超えている飲食チェーンはだいたい1,000店舗以上展開している（１店舗１億円を目安とする）と考えられます。1,000店舗はほぼ日本人全員が知っていてもおかしくない店舗数となります（あの超有名なマクドナルドは、日本に約3,000店舗です）。

また、東京ディズニーランドの建設費は約1,800億円（開業

するまで)、ユニバーサル・スタジオ・ジャパンも約1,700億円程度で造っていることから、2,000億円くらいあれば、巨大テーマパークも造れそうですね！

体積:1,000万円(7畳の部屋ぎっしり)×1万枚(1mの高さ)
=1,000億円

1万円札を床に並べていって7畳の部屋にみっちり詰めて、かつ、1mの高さまで詰め込みます。すると、1,000億円です。7畳の部屋いっぱいの1万円札を想像してみてください。

ちなみに、7畳の部屋すべてを1万円札で詰め込もうとすると、2,500億円ほど（天井の高さ2.5mの場合）必要そうです。

1兆円

世の中の1兆円するもの

京都府、新潟県、群馬県、栃木県などの歳入・歳出額と一緒くらいです。

日本国民全員が1万円を払ったときの合計金額
1万円×1億人=1兆円

日本国民全員が１万円を手に持っている姿をイメージしてみてください。それが１兆円です。

つまり、企業が１兆円の売上高を持っているとしたら、国民が１人あたり年間１万円払ってもよいと思えるくらい重要なインフラを担っていたり、大事なサービスを普及させていたりする可能性が高いです。売上高１兆円を超える企業は、社会に必要不可欠な存在なんですね。

厚さ：0.1㎜×１億枚＝1,000万㎜（10㎞）

１兆円を縦に積み重ねると、なんとエベレストを超える高さに⁉（エベレストは約8,849m＝約９㎞です）

地球上で最も高い山よりも高くなってしまいますね。

ちなみに床に並べて敷き詰めると、約1.2㎢。おおよそ皇居の面積くらいです。（皇居の面積1.15㎢）

10兆円

世の中の10兆円するもの

東京都の予算

10兆円は東京都の歳入・歳出額規模となります。他の道府県とはケタ違いですね。

日本全国のコンビニの市場規模
600円×週3回×52週×1億人＝約10兆円

わかりやすいところで言えば、コンビニです。コンビニはおおよそ市場規模は10兆円ほどになります。1回の会計で600円使って、週に3回通う人が1億人いれば、だいたい10兆円になりますね。

企業規模でも、10兆を超えている会社は10社強しかありません。

日本最大の売上高を持つ会社はトヨタ。45兆円です（2024年3月期）。1台450万円の車が年間1,000万台売れている計算ですね。

何かと話題の、2027年以降に開業予定のリニア新幹線の総工費が7兆円強※といわれています。まさに10兆円規模となりますね。

面積：縦…76㎜×40,000枚＝3,040,000㎜（約3㎞）、
横…160㎜×25,000枚＝4,000,000㎜（4㎞）

1万円札を縦横に並べて10兆円を作ったとすると、なんとその広さは12㎢に。

皇居の面積のおおよそ10倍となります。

※2024年11月現在

100兆円

100万円×1億人＝100兆円

おおよそ、国家予算になります。100万円税金を納める人が、1億人いる国の予算（歳入額）になるわけです※。日本には100兆円もの売上高を持つ企業はありませんが、国としてはこの100兆円を動かすことができるわけです。

100億円（陸上競技場ぎっしり）×1万枚（1mの高さ）
＝100兆円

1万円札を地面に並べていって陸上競技場の内側に詰めて、かつ、1mの高さまで詰め込みます。すると、100兆円です。100兆円ものお金を1万円札で管理しようものなら、置いておく場所もなく、大変なことになりそうです。

100兆円と比べると、100万～1億円がいかに小さいか、よくわかりますね。ニュースで1億、2億円単位で報じられていることがありますが、実は、国の経済規模としては100兆円だったり500兆円だったりなんて額が動いていたりするので、全く規模感の違う話なんですね。

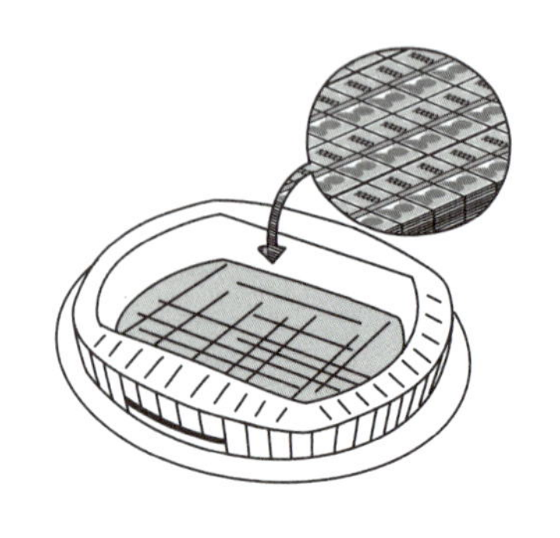

※もちろん、法人税、国債の発行などがあるので、単純計算できない部分もあります。

長さ

東京タワー、東京スカイツリー、音速、フルマラソン、東京〜大阪間、日本の幅、地球1周、光速

東京タワー：333m、東京スカイツリー：634m

634m÷2＝約300m

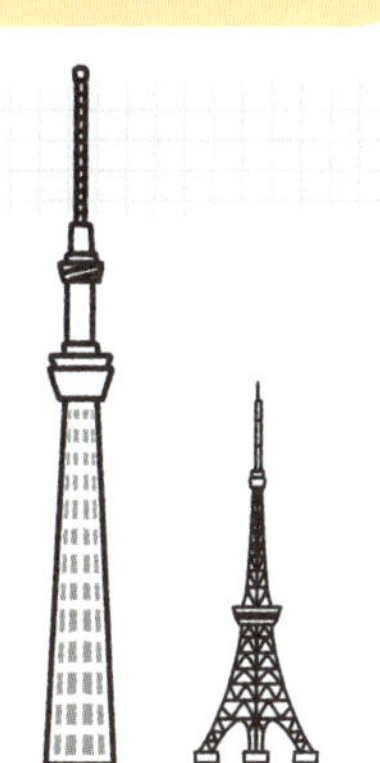

東京スカイツリー®は「ムサシ！」と覚えやすい数字です。東京タワーが333mであることを知っている方は、その約2倍の高さであることがすぐにわかりそうです。

(Licenced by TOKYO TOWER)

音速：毎秒約340m

340m×3＝約1km

速さのキーナンバーですが、距離を測るのに使えます。雷が落ちて3秒後に音が聞こえたなら、自分のいる場所から1km先で雷が落ちたということです。

フルマラソンの距離：42.195km

世界記録で1km3分ペース×120分＝約40km

フルマラソンの距離が42.195kmというのは、読むときの音（ヨ

ンジューニーテン、イチキューゴ）で覚えている方も多いことでしょう。速い選手だと、なんと２時間ほどで走り切ってしまいます。つまり、120分で走るわけですから、１㎞あたり３分程度で走ってしまうわけです。これは、50mを9秒程度で走るペース。とんでもないスピードですよね。

東京～大阪：400㎞

直線距離として覚えておきましょう。車で旅行に出かけるときなど、参考にするとよいでしょう。時速60㎞でおおよそ７時間ほぼ休憩なしでいける距離（60×７＝420㎞）になりますから、１日で移動できる距離としては限界に近いのではないでしょうか。なお新幹線で行くと東京駅から大阪駅までの距離は552.6㎞。直線ではないため大幅に増加します。

日本の国土の幅：3,000㎞、地球１周：４万㎞

日本の国土の幅は約3,000㎞となっています。

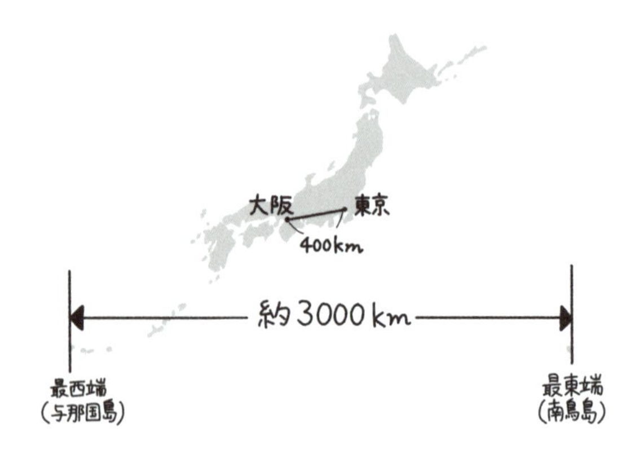

地球１周が約４万kmですが、これはちょうど、東京と大阪間の直線距離を100倍した距離です。

光速：秒速30万km

１秒間に光は地球を７周半する。と知ると、とても速いことがイメージできます。ただ、あまりに速すぎて意味がわかりませんよね。

面積	東京ドーム１個分、東京ディズニーランド、東京都の面積、日本の国土

東京ドームの面積：約46,755m^2(4.6755ha)

縦220m×横220m＝約4.6万㎡

よく東京ドーム〇個分なんて話がありますが、あれはだいたい１辺が約220mくらいの長さの正方形と同じくらいの面積です。

東京ディズニーランドの面積：約510,000m^2(51ha)

縦700m×横700m＝約51万㎡

東京ディズニーランドは東京ドーム10個分ちょい（より正確には11個分）です。東京ドームって意外と大きくないと感じるかもしれませんね。東京ディズニーランドに一度でも行ったことがあるとイメージがわきやすいでしょう。

ちなみにディズニーランドを端から端まで歩くとだいたい10分くらいかかります。ディズニーランドはおおよそ700m×700mの正方形くらいの広さしかないということが感覚的にもわかります※。

※開園当初は東京ドームのちょうど10個分くらいでしたが、新エリアの開設などもあって若干広くなりました。

東京都の面積：約2,200km²

縦45km×横45km＝2,025km²

フルマラソンよりちょっと長いくらいを縦に走り、その後横にもう一回同じ長さを走ったときの縦横の長さの正方形が東京都と同じくらいの面積です。でかいですね。

日本の面積：約38万km²（377,975km²）

縦600km×横600km＝約38万km²

日本のだいたいの面積を正方形で考えてみると、とてもわかりやすいです。1辺が約600kmの正方形になります。

東京・大阪の直線距離はだいたい400km程度ですので、その1.5倍を1辺として正方形を描くとわかりやすいでしょうか。38万㎢も多少覚えやすくなりませんか？

時間　1か月の勤務時間、人生の長さ

1か月の勤務時間：約170時間（1日8時間、21日のとき）

計算：21日×8時間＝約170時間

週休2日の場合、1か月の勤務日数はおおよそ21日くらいであることが多いです。年間120日ほど休みの場合、245日ほど勤務となります。12か月で割り算すれば1か月の勤務日は平均20.4日くらいになります。ただ、GWや年末年始は休日が集中しますので、その他の月の勤務日数はおおよそ21日前後となります。この21日に、1日の平均勤務時間8時間をかけて、1か月あたり約170時間働くというのが一般的です。

時給1,200円程度で170時間働くと、約20万円ほどの給料（1,200円×170時間＝20.4万円）となります。

人生：80年（約3万日）

80年※×365日／年＝29,200日

実は、人生は約3万日しかないって知っていましたか？　3万回寝て起きるを繰り返したら、人生は終了です。

※男性の平均寿命は81.09歳、女性は87.14歳（厚生労働省「令和5年簡易生命表」より）ですが、ここでは80歳（80年）で計算しています。これから科学が進展して、さらに長寿命化する可能性もあります。

人口　日本、アメリカ、中国、インド、世界

日本の人口：1億2,000万人

計算：同級生（同じ年齢）の人口150万人×80パターン分

1億2000万人を平均寿命約80歳（正確には男性81.09歳、女性87.14歳）で割り算すれば、同級生の人口が出ます。1歳あたりの人口は150万人となります。しかし、今は生まれる子どもの数が非常に少なく、70万人台となっています（2023年は約73万人）。人口はin（生まれる人）とout（亡くなる人）から成り立っていますから、inは70万人、outはおおよそ同級生の人口150万人となりますので、差し引き80万です。つまり、人口が1年間で約80万人ずつ減っているというのが今の日本で起こっている現象となります。

- 1都道府県あたりの平均人口240万人
- 東京都の人口：1,400万人（日本人の9人に1人）
- 関東1都6県の人口：4,400万人（日本人の3人に1人強）
- 世帯数：5,400万世帯

1都道府県あたりの平均人口もここから出てきます。1億2000万÷約50で出てきます（÷47じゃなくてもよいです。なぜなら、概算だから）。約240万人となります。

ちなみに平均的な人口を持つ都道府県としては、京都府、宮城県、新潟県あたりです。

東京は日本の人口の約９分の１が住んでいることになります。つまり、日本人が９人いたら、１人は東京に住んでいるわけですね。

ちなみに、関東１都６県だと人口はおおよそ4400万人となり、日本人の３人中１人を超えます※。

日本地図で見ると、明らかに面積は狭いのに、関東に人口が集中しているというのがよくわかります。

他３分の２の人口は、日本中に散らばっているわけです。そう考えてみると、地方と東京（関東）の構図が見えてくるのではないでしょうか。

関東

アメリカ：約3.3億人

3.3億÷1.2億（日本の人口）≒3

アメリカの人口は、日本人の３倍弱、と覚えておくとよいでしょう。

ちなみにフランスの人口は約6,800万人、イタリアの人口は約5,900万人。ドイツも8,400万人程度ですが、これは超ざっくりでいえば日本の半分です。ロシアの人口は日本とほぼ一緒。

※茨城県、栃木県、群馬県、埼玉県、千葉県、東京都、神奈川県の１都６県。

中国・インドの人口：14億人

中国の人口は日本の10倍以上。

ちなみに人口が多い国は経済も強いという相関があります。

世界の人口：81億人

計算：9万×9万≒81億

81億人を無理やり視覚化しようとすれば、1m×1mの正方形に1人を入れて、縦90,000m×横90,000mの正方形サイズになります。ざっくりで1万㎢（縦100㎞×横100㎞）以内という感じですね。これは青森県や岐阜県とだいたい同じくらいです。

81億÷14億≒6（6人中1人）

中国・インドだけで、世界の人口の3人中1人以上となります。とんでもない人口であることがわかりますね。中国だけで世界の人の6人中1人以上、インドも同様です。

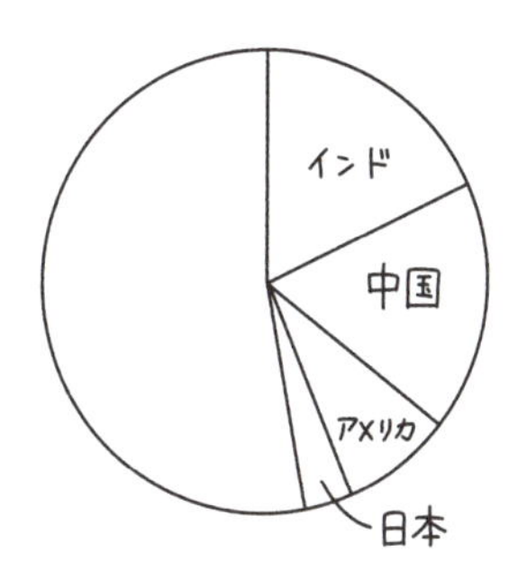

世界　GDP、国の数

世界のGDP（国内総生産）：1京6,000兆円

日本のGDP：600兆円ほど。その30倍弱が世界です。

1京円＝1兆円×1万

世界のGDPは1京円を超えます。1京は、1兆が1万個集まった数です。

日本語における数字の数え方では、「万⇒億⇒兆⇒京」の先にもさまざまな単位がありますが、覚えてほしいのは「京」までです。そもそもGDPの合計が1京とちょっとしかないので、それ以上はほとんど出てきません※。

なお日本のGDPを人口で割り算すれば、国民1人あたりが生み出している価値の総額が出ます。

600兆円÷1億2,000万人＝約500万円

人口1人あたり500万円を生み出している計算です。少し実感がわく金額なのではないでしょうか。実際のところ、働いていない人（子どもなど）は経済的な価値を生み出していませんので差し引いて割り算してもよいでしょう。

※それ以上の数字を使う場合は、指数表記をするのが一般的です（「10^n」と書いて、10のn乗と読みます。1の後に0がn個続く数）。

アメリカのGDP：27兆ドル

計算：27兆÷4兆（日本のGDPをドル換算）※＝約7倍

世界最大のGDPを持つ国、アメリカのGDPは日本の7倍程度あります。日本のGDPは現在世界4位ですが、1位はアメリカ。

よく、「アメリカの○○市場は日本の3倍ある！」という表現がされますが、これは当たり前です。7倍のGDPがあるので、ビジネス規模も7倍なわけですね。むしろ、3倍というのは少ないですね。

国連加盟国数：193か国

計算：80億÷200＝4,000万（人）

約200か国あると知っておきましょう。なお1か国あたりの平均人口はなんと4,000万人しかいません。しかも、インド・中国の2か国が大きく平均人口を引っ張りあげているわけです。日本は平均人口よりも3倍ほど多いので、実は人口の多い国に入るわけですね。世界でなんと12番目に多い国になります。

※1ドル＝約150円とした場合。為替の影響があるので毎日変動します。

「くらべる」を習慣にできると数字に強くなる

いかがでしょうか。たくさんの数字を見てめまいがしているという人もいるかもしれませんね。

でももしかすると、「あれ？　大きい数字のことがちょっとよくわかってきた」「急に親しみやすくなった」という人もいるかもしれません。

ここでみなさんに意識してほしいのは、これから大きい数字やよくわからない数字を見たら、**「だいたいあのくらいの大きさか！」とイメージをすること**です。

「10億円？　いっぱいだな〜」と思っている人と、「だいたいプライベートジェット機くらいか」と考えている人では、数字のとらえ方が大きく変わってきます。

大変かもしれませんが、こういった数字の規模をイメージできるようになると、数字に強い人の仲間入りを果たせます。ぜひ、周りの人と話しながら楽しくやってみてください。

「くらべる」のまとめ

数字は他のものと「くらべる」ことで初めて意味がわかる

「くらべる」には基準となる「キーナンバー」が必要

「大きすぎる数字」がこわいのは、日常生活で使わないから

魔法のキーナンバー を身体に染み込ませると「きづきやすく」なる

基準となるキーナンバーは知識として習得する

「ざっくり」「まとまり」「ストーリー」で覚えよう

- 「ざっくり」細かい数字はまるめる
- 「まとまり」関連する数字はセットで理解する
- 「ストーリー」なぜその数字なのか理由を知る

できるだけ身近なものでイメージできると忘れにくい

しつける

shitsukeru

ほんとにわがまま。もう、やってられない

でも、

言うことを聞いてくれたら、かわいくなる

Before

これまで

わがままなまま、
従わせようとする

After

これから

しつけて
命令をきかせる

数字を扱いやすくする「しつける」魔法

「しつける」はこれまでの魔法の「複合魔法」

さあ、いよいよ総集編です。

ここまでみなさんは、数字との向き合い方に挑戦してきました。「まるめる」「ちいさくする」「きづく」で計算のコツを。そして「くらべる」では数字に気づくための「キーナンバー」について学んできましたね。

この最後の「しつける」では、これらのテクニックを複合的に活用していきます。

「しつける」ことができれば、今まで数字や計算にコントロールされ続けてきた人生が真逆になります。あなたが、数字と計算を支配し、数字を思うようにコントロールすることができるのです。

これまであなたにかみつこうとしていた数字が、それこそ、手を差し出したら、**「お手」をしてくれるように。**

これをマスターできれば、あなたは確実に、数字がかわいく思えてくるはずです。

「しつける」はすぐにできなくてもよい

ここで一つ、伝えたいことがあります。それは、**「しつける」はすぐにできなくてもよい**、ということです。

もちろん、しつけができたほうが、自分の言うことを聞くという意味では、とても便利です。"しつけ"を覚えて活用すれば、見たことがない問題への対処法がわかるようになります。

でも、このしつけ、なかなか高度なものもあります。「数字がこわい」と思っている人であれば、いきなりすべてをマスターするのは難しいかもしれません（逆に「数字がこわい」がなくなってきた人にとっては、きっと役に立つはずです）。

急ぐことはありません。多くのしつけ方を覚えようとするのではなく、まずは、自分のすぐ身の回りにあることからできるようになってください。身の回りのことだけなら、「しつける」以外の魔法でも十分対処ができるはずです。

ここでおさらいしておきましょう。

難しい計算はしてはいけません。

計算は一番最後。絶対にギリギリまでしてはいけません。

「しつける」前に、どこまで数字をてなずけられるかがカギを握っています。

しつける魔法

- 「しつける」のは一番最後（まるめる、ちいさくする、きづく、くらべるの後）
- 「しつける」はできるものからでOK
- 「しつける」前に数字をてなずけておく

2ケタ×2ケタのかけ算を1ケタのかけ算に変えてサボる

「2倍と半分」計算法

では、最初の「しつけ方」です。

15×2

2ケタ×1ケタの計算であれば、頑張ればできるはず。数字が苦手な人でもパッと見でできる人が多かったりします。

13×18

2ケタと2ケタ以上のかけ算になってしまうといきなり難易度が高くなって、暗算は無理。計算もしたくなくなってしまいますね。

筆算を習ったせいで、かけ算の問題が出てきたら、そのまま解かなきゃ……と、思っている方が非常に多いです。

この数字は、いきなり計算しようとすると難しく見えてしまいます。魔法で分解してしまいましょう。**その名も、「2倍と半分」計算法です！**

問題

13×18

このかけ算をもっと簡単にしましょう。「2倍と半分」計算法の出番です。

2ケタの数字が出てきたら、1ケタに分解してください。そう、「しつける」のです。

実はこのかけ算の18は**2×9にできる**ことがわかります。一度、分解してから、もう片方を先に計算してしまいましょう。

解法

=13×2×9（18=2×9　でしたね。九九を思い出しましょう）

=26×9※（先に13×2を計算してしまいましょう）

=26×(10−1)=260−26（ざっくりぴったり算かけ算が使えますね）

=234

234と簡単に計算できました。かけ算は順番を変えても同じなので、このテクニックが使えるのです。

13×18から、26×9になったところを見ると、左側の数が2倍（13→26）になっていて、右側が半分（18→9）になっていますね。これが「2倍と半分」計算法と呼ぶ理由です。

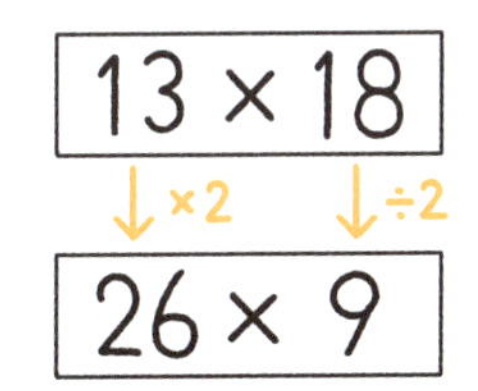

2ケタ×2ケタを無理やり計算するのではなく、「2倍と半分」計算法を活用して、2ケタ×1ケタの形を作りました。

「しつける」ではこのように、**「難しい数字」をシンプルにして計算する方法**を紹介していきます。いきなり難しい計算をするのではなく、**段階を踏んでいく**イメージです。

計算は一見、そのままの最短ルートが一番早く到着するように見えるかもしれません。しかし、最短ルートにはいろいろな障害

※26×9が難しければ、26×10=260弱、と計算してもOKです。

が立ちはだかります。人によっては途中で挫折してしまいます。ちょっと寄り道をしても、意外と大丈夫です。時間的には意外と速かったり、精度もとても高くなるケースもありますよ。国道は距離的には最短だけど、信号があるから、一本横道にそれて進む方が結局早く着いちゃう説ですね。

難しいかけ算を難しいままやってはいけません。**まず、自分が「カンタンだ！」と思える形に変えてしまいましょう。**

さぁ、問題に取り組んでいきましょう。

練習問題

18×35

解答例

18×35

=(18÷2)×(35×2)

=9×70　18は半分にして35は2倍にすれば超カンタン！

=630

練習問題

14×28

解答例

14×28

=(14÷2)×(28×2)

=7×56　≒7×60=420弱でもOK

=7×60−7×4

=420−28　「7が60個」から「7が4個」を引きます

=392

練習問題

24×22

解答例

24×22

=(24÷2)×(22×2)

=12×44　もう一度「2倍と半分」をやってみましょう

=6×88　≒6×90=540弱でもOK

=6×90−6×2

=540−12=528

ここで豆知識をひとつ。**実は、世の中で出てくる数字の半分は、頭の数が1、または、2です**※。

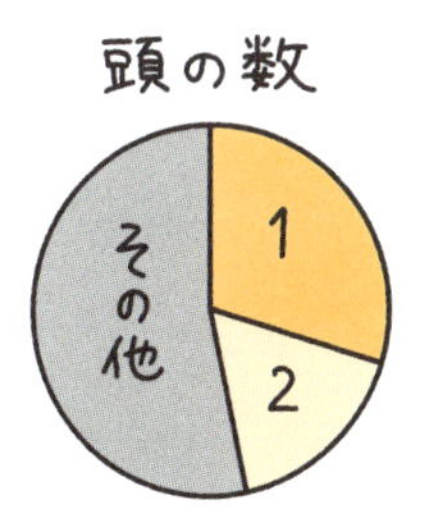

具体的には、「1」は30%程度になります。つまり、3つに1つは頭の数が1です。頭の数が2の確率は約17%、6つに1つです。合わせて47%。およそ半分は、1か2で作られているわけです。頭の数が9だと、なんと確率は5%以下。ほとんど出てこないのです。

この「2倍と半分」計算法は頭の数が1（or 2）の時に効果的です。つまり、世の中の2ケタ×2ケタかけ算の3割はこれで「しつけ」られます。魅力的に思えませんか？

しつける魔法

✓ **半分にしたら1ケタになる2ケタの数字は、「2倍と半分」計算法を使う**

※これをベンフォードの法則と呼びます。

2ケタの計算を

1ケタずつに分解してラクする

急がば回れ算　1ケタ分解 かけ算

21×33

こんな問題どうでしょう。先ほどのように21や33を半分にしようとしても、かけ算がラクになりませんね。「2倍と半分」計算法がうまくハマらなそうです。

こういう時も、考え方は一緒です。ポイントは、1ケタに「しつける」ができないか分解してみること。「急がば回れ算」と呼びましょう。

実は、ここでは九九をフル活用します。「うまく1ケタが作れれば……！」という発想で眺めてみましょう！

問題

[例] 21×33

21＝7×3に気づければカンタンです！

解法

21×33

＝7×3×33　（21＝7×3に分解してあげましょう）

＝7×99　（1ケタ×1ケタの計算になりました）

（≒7×100弱＝だいたい700弱、でもよいですね）

＝693

難しいかけ算は、難しいままやるのではなく、自分が「カンタンだ！」と思える形にしてしまいましょう。２つの数字を段階的にかけ算していくのです。

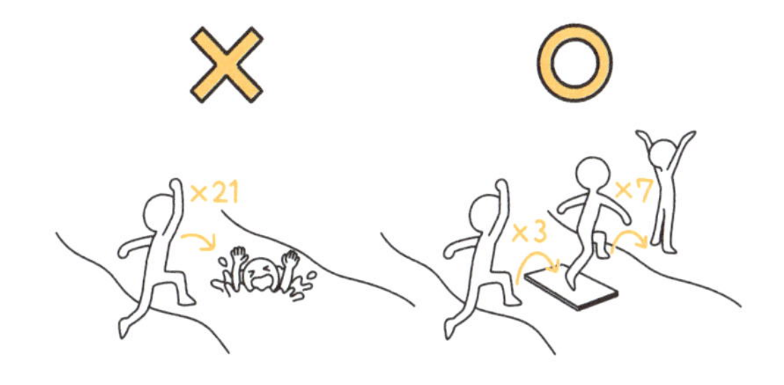

そう、**かけ算は全部、九九に分解してから考えてしまえばいいんです。**2ケタのかけ算は難しいですが、**みなさんは九九で１ケタのかけ算をもうマスターしていますからね。**持っている知識はフル活用していきましょう。

問題

27×24

解法

27×24

=27×3×8

=81×8　24を3×8として、3を27にかける

=648

3倍と1/3倍にしてみるとカンタンに計算できますよ。

「×24」を「×4×6」に分解するのも一つの手です。

81×8が難しい場合は、8が81個と考えて、80個分と1個分を足し算するのでもいいですね。

問題

19×12

解法

19×12
=19×3×4
=57×4 （≒60弱×4=240弱、でもよいですね）
=228

「×12」は、「×3×4」に分解できます。

いきなり2ケタのかけ算をするのではなく、2つの数に分解できるのであればそっちのほうが気持ちはずっとラクになることでしょう。それにしても、**九九がわかるだけで、ここまで計算ができるようになるんですね！**

練習問題

21×32

解答例

21×32
=7×3×32
=7×96 （21を3×7にして、32を3倍しましょう）
=672 （≒7×100弱として、だいたい700、700弱、などでもOKです）

しつける魔法

- 2ケタのかけ算は、1ケタの数字に分解して、急がば回れ算を使う

2ケタの計算を1ケタずつに分解してラクする

急がば回れ算 1ケタ分解 割り算

15÷3
＝5

こんな割り算ならどうでしょう。簡単に解けますね。

64÷9

これも「割り切れない……」と思うかもしれませんが、63÷9＝7なので、「7ちょっと」のようにまるめれば実は大丈夫です。「64÷9＝7…1」と余りを出す考え方もありましたし、もしくは小数で答えても大丈夫です（小数の答えであれば、「7.1111……」となります）。1ケタで割るタイプの割り算であれば、それほど苦労なく割れるはずです。

しかし、現実は残酷です。2ケタ以上の割り算とか出てきますよね。

162÷18
273÷21

2ケタ以上での割り算になってしまうと、いきなり難易度が高くなって、とても難しくなります。そんなときは、どうしたらよいのか。

ここで、**「急がば回れ算」です**。割り算でも使えます。割りやすい1ケタの数字になるまで数字をちいさくしてから、段階的に割り算すればよいのです。

問題

［例］162÷18

「÷18」を分解してしまいましょう。

÷18 → ÷2÷9

ですね。1ケタの割り算を2回することになります。18等分するのであれば、まず2つに分けて、それを9等分すればよいわけです。

解法

162÷18
＝162÷2÷9　18＝2×9であることから、2回に分けて割ります
＝81÷9　この形なら簡単に解けますね！
＝9

簡単に答えが出ましたね！

2ケタの割り算を無理やり計算するのではなく、**いかに1ケタに持ち込むか**、がポイントです※。

数をどんどん分解して「ちいさく」していったほうがずっと計算しやすいです。特に「割る数」（÷○）のほうをちいさくしましょう。いいですか。18のように大きい数で割ろうとしてはいけません。**難しい計算は絶対にやらないでください。**

※実はこれ、約分の発想と一緒です。

練習問題

273÷21

解答例

273÷21

=273÷3÷7 （21=3×7なので、2回に分けて割ります）

=91÷7 （この形ならなんとか解けますね）

=13

練習問題

475÷25

解答例

475÷25

=475÷5÷5 （25=5×5なので、2回に分けて割ります）

=95÷5

=19

この「÷5」を2回するやり方は少し難しかったかもしれませんね。そもそもまるくして475→500で計算するのも手ですね。次のページで、「÷5」や「×5」がもっとラクになる方法を紹介します。

しつける魔法

- ✓ 割り算も、1ケタの割り算に分解して計算するとラクできる

「2」と「10」を使って ラクに計算する

急がば回れ算　2と10変化

32×5

どうですか？　これは「こわい」と感じる人とそうでない人と分かれると思います。そのどちらの人にもオススメなのが、「急がば回れ算　2と10変化」です。

×5は、10倍して2で割る
（÷5は2倍にして10で割る）

問題

32×5

解法

32×5
＝32×10÷2
＝320÷2＝160

どうでしょうか？　グッとラクになりましたか？

かけ算で最もやりやすいのは、「2」と「10」です。なぜなら**2は倍。10はケタを変える。それだけだからです。**
これを最大活用しましょう。

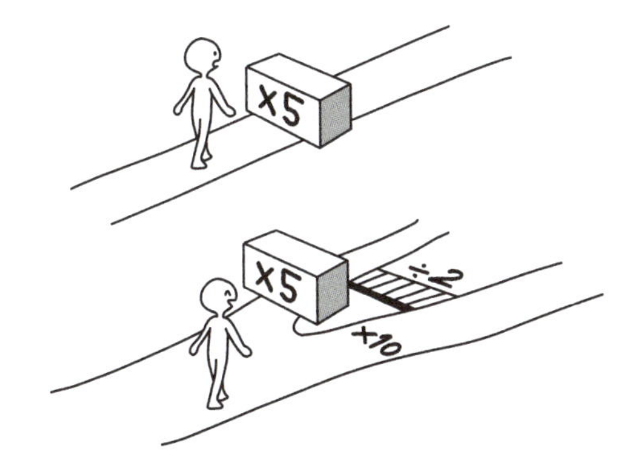

これを今度は割り算「÷５」で使ってみましょう。「÷５」は「×2」して「÷10」です。つまり、数字を倍にしてから（×2）、ケタを１つへらしましょう（÷10）。

問題

240÷5

解法

240÷5

＝240×2÷10

＝480÷10＝48

「2と10変化」と「1ケタ分解」を組み合わせる

問題

15×25

先ほどの「１ケタ分解」と「２と10変化」を組み合わせてみましょう。

解法

15×25
=5×3×25
=5×75=75×5
=75×10÷2 （×5は、10倍してから2で割るんでしたね）
=750÷2
=375

問題

284×5

3ケタとのかけ算になりましたが、これは簡単。5を掛けるのではなく、「×10÷2」にしてみましょう。

解法

284×5
=284×10÷2
=2840÷2 （3ケタの計算ですが、2で割るのは比較的簡単ですね）
=1420

5が出てくると、「まあ割りやすいほうだし、すぐに計算しなきゃ」と思ってしまう方が多いのですが、実はできるだけ計算に2と10を登場させたほうが、よりスイスイ計算が進むようになります。

実生活で「5」がつく計算をする場面は非常に多いです。

できるだけ、2と10を登場させたり、5の付近に「まるめる」ように意識してみるといいでしょう。

「10の倍数」と「2」なら、実質ラクできる

ちなみに先ほどの15×25であれば、慣れてきたら25のほうを「×50÷2」にしたり、15のほうを「×30÷2」にするのもオススメです。

解法1

15×25
=15×50÷2=750÷2
=375

解法2

15×25=25×15
=25×30÷2=750÷2
=375

他にも、25であればいったん4倍してから4で割ってしまうのもコツです。

解法3

15×25
=15×25×4÷4
=15×100÷4
=1500÷4　「÷4」は「÷2÷2」としたほうがラクかも
=375　≒400弱でもいいでしょう

※4のともだち番号は25%でしたね。

できるだけ2と10を使いこなしながら数字を「しつける」ようにしてみてください。

ゆっくりで構いません。**数を自分の手のひらで踊らせるのです。**自分が解きやすい形に持っていけないかを考えてみてください。

しつける魔法

- 5が計算に出てきたら、2と10の計算にしてかわいくする
- 2と10の倍数を活用する

COLUMN

÷365日をするなら「÷1000×3」がオススメ

秘密のともだち番号

問題

1年の売上高が1,943,082円の事業。1日あたりは？

これも困る代表例ですよね。1年は365日なので、÷365すればいいのはわかるんですが、この計算が面倒です。

そこでオススメなのが、「2と10」変化の応用、「3と1000」変化です。365×3＝1000強。つまりざっくり言えば、

「÷365日」≒「÷1000×3」

という関係になっています。365で割るのを、1回1000で割ってから、3倍して増やすのです。

この方法にしたがってやってみましょう。まず「1,943,082円」→まるめて「2,000,000円」とします。

2,000,000円÷365
≒2,000,000円÷1000×3
＝2,000×3
＝6,000円

です（正確には5,324円）。なんだか拍子抜けするくらいカンタンになりましたね。

こういった年⇔日変換、の他に、年⇔月変換や、時速⇔秒速変換などの方法も巻末のガラパゴス計算法に載せています。

CASE

2ケタのかけ算に「強」「弱」をつけて答えを出す

まるめるしつける算

問題

［例1］17×19

［例2］54×36

たとえばこんな問題、とても難しいですよね。これまでご紹介したやり方では限界があります。

例１は、一見すると「2倍と半分」計算法を活用できそうですが、両方とも奇数ですので、2で割ったら小数になってしまいます。例２も、数字が大きいのでこれまでのテクニックは使えなさそうです。

とうとう、この時が来ました。「しつける」の最終奥義です。

こんなときは、**もう完璧さはいりません！**

「まるめる」との複合最終魔法を使ってしまいましょう！

かけ算の片方を先に四捨五入でまるめて、その後、**答えにそれっぽい「強」「弱」をつける**。これが、**「まるめるしつける算」**です。

問題

［例1］17×19

17か、19を四捨五入するわけですが、どちらがよいと思いますか？……「19」を四捨五入したほうがズレが少なくなりそうですね。19を20にまるめましょう。

解法

17×19

≒17×20　19を四捨五入すると20。19よりも大きくなっている

19⇒20に四捨五入をしたので、かけ算の結果が大きめに出てしまいそうですね。つまり、答えはそれよりも小さくなります。ということで「弱」をつけましょう。

＝340　あれ、でもこのかけ算は大きめに出ているな

⇒340弱

はい、これで正解です。

「え、だって違うじゃん」「〜弱で正解って、それでいいの？」と思いますよね。

いいです。ここは学校ではありません。それに、大人になってから323って正確に答えを導き出す意味ってあまりないです。それこそ地頭のいい人には「まるめ」られてしまいますし。求めたければ、340から17を１個分引けばいいだけです。

かけ算をまるめるときは、頭の数だけ見る

問題

［例2］54×36

例１でやったようにわかりやすく四捨五入ができればよいのですが、今度はなかなか難しいですね。

これもざっくりでいいのですが、ズレはできるだけ少ないほうがいいですね。

……いいですか。今から大事なことを言います。

こういうときは、**頭の数だけ**を見てください。そして、**「頭の数が大きいほうの数字」を四捨五入してまるめてください**。いいですか。**頭の数が「大きいほう」の数字**です。細かく説明すると長くなるので省略しますが、**そうするとズレが一番少なくなります**。54なら頭の数は5、36なら頭の数は3です。よって、54を四捨五入していきましょう。すると、簡単に計算できますね。

解法

54×36

⇒50×36　（54を四捨五入する。答えが少し小さく出そうだな）

＝36×50＝36×100÷2

＝3600÷2

＝1800　（よし。でもこのかけ算は少なめに出ているな）

⇒1800強

実際は1944です。ズレはありますが、まあざっくりな計算ならこれでよいでしょう。**だって、ここで1万とか、100とか答えるよりよっぽどいいと思いませんか？**

どうしてもこのズレが気になる方は、まるめたときに「36が4つ分減ったな」と覚えておくとよいでしょう。36が4つあったら100は超えそうですね。つまり「100強」。まるめて導いた答えの1800にこれを足すと「だいたい1920〜1950くらい」というところまでズレを防げます。

ちなみに36のほうを四捨五入すると54×40⇒2160弱です。ちょっとズレが大きい感じがしますね。

問題

23×83

解答例

23×83

≒23×80 （23→2、83→8なので、83をまるめます）

＝1840

⇒1840強 （正確には1909）

もし23のほうを四捨五入してしまうと20×83＝1660です。実際の1909とは結構ズレてしまいます。

ちなみに両方の数字をまるめてしまえば、九九になります。

23×83⇒20×80＝1600

正しい答えからはズレますが、これもケタを間違えるよりはよほどましです。

しつける魔法

- どうしてもしつけられないときは
  まるめるしつける算
- まるめた数字に「強」「弱」をつけてざっくりの答えを出す
- かけ算は、より頭の数が大きいほうの数字をまるめる（ズレが少ない）

2ケタの割り算に「強」「弱」をつけよう
まるめるしつける算

次は割り算です。かけ算と同じような考え方が出てきますが、コツがちょっと変わります。

問題

[例1] 77÷19

めまいがしそうなほど難しい問題ですね。

さて、かけ算のときと一緒。「まるめる」です。「四捨五入」と、「強弱」を使いましょう。

必ず「割る数」のほうをまるめよう

77÷19

パッと見、とても難しそうに見える割り算です。でも、思い切って四捨五入をしましょう。

では、77と19どちらをまるめるのがよさそうでしょうか？

77÷20　19のほうをまるめる

80÷19　77のほうをまるめる

どちらが簡単に感じますか？

「77÷20」のほうがラクですよね。割る数である19を四捨五入しちゃいましょう。

割り算のときは、**割る数（÷◯のほう）を四捨五入して割りやすいようにまるめるのが原則です。**

特に、**実質1ケタ（20や30など）に収まるように「しつける」**とてても簡単に計算できます。

このとき、大切なのは、本来19で割るべきなのに、20で割ってしまっていることです。つまり、ちょっと大きめの数で割っているので、**本当の答えより小さくなりそうだ**、と考えておくわけです。

だから、計算結果が出たら、**その後に「強」とつけましょう**（本当の答えはもう少し大きい値ですからね）。

このまま割り算してみます。

解法

77÷19

⇒ 77÷20 （19を四捨五入して20にする）

＝3.85

よって、**3.85強**

正確には、約4.05となります。若干ズレていますが、まあいいでしょう。

割り算の「分ける」「回転数」「1基準」との複合魔法

後は、「きづく」の計算法で考えてもよいかもしれません。割り算は「分ける」「回転数」「1基準」のいずれかで考えるのでしたね。77÷19の数字をまるめて80÷20とした後、**「80の中に20が4個くらいありそうだから、答えは4くらいっぽい」**とあたりをつけるのです。そうすれば、ケタの間違いは防げますね。

問題

180÷61

今度も、割る数である61をまるめて60にしましょう。61を60にしていますので、ちょっと小さくしています。つまり、本来より小さい数で割っていますので本当の答えより大きくなってしまいそうです。**だから、答えが出た後に「弱」とつけましょう。**

解答例

180÷61

⇒180÷60

＝3

⇒3弱

（実際の答えは、2.95となります）

答えは3弱。**正解です。**

「答えは『強』『弱』で求めればいい」と考えるだけで、難しい計算は、ここまでざっくりラクになります。

ざっくりでいいです。まるめるしつける算が使えるようになると、「数字がこわい」という気持ちがほぼ消えていきます。

最初は慣れないかもしれませんが、ぜひ、周りの人と話しながらやってみてください。

しつける魔法

- 正確性を捨てる
- 最初から「強」「弱」の答えを見つけにいこう

しつけ方に正解はない

こんなふうにたくさんの計算法を紹介すると、「覚えられないよ！」という叫び声が聞こえてきそうです。

もちろん、覚えられたら一番いいですが、無理しなくても大丈夫。なぜかといえば、**“使うこと”が目的だから**です。

計算方法は一つではありません。かけ算一つとってみても、いろいろな計算方法があるんです。これからは計算方法の正解を探さないでください。

問題

14×18

7×36 → 14を半分にして18を2倍にする 「2倍と半分」計算法
28×9 → 14を2倍にして18を半分にする 「2倍と半分」計算法
14×3×6 → 18を3×6に分解してかける 急がば回れ算
14×2×9 → 18を2×9に分解してかける 急がば回れ算

問題

25×19

5×95 → 25を5×5に分解してかける 急がば回れ算
25×(20−1) → 25を20個分用意してから1個分引く
ざっくりぴったり算 かけ算版
19×(20+5) → 19が20個分と、19が5個分と考える
ざっくりぴったり算 かけ算版

25×2×19÷2 → 25を倍にしてから後で２で割る

急がば回れ算 **2と10変化**

19×25×4÷4 → 19が100個分と計算してから4で割る

急がば回れ算 **2と10変化**

（ともだち番号でもできます）

どうでしょう。いろいろなやり方がありますね。**どれも正解です。どの方法を選んでもよいのです。**そう考えると、少し気がラクになってきませんか。

さて、いかがでしょうか。

みなさんは、今の計算、結構わかったのではないでしょうか。

この本でやった通りに計算すれば、**「数字はもう、こわくない！」**ですよね。

ところで……この計算がアタマの中でできる人って、どんな人でしょう？

すごく数字に強くて、地頭がいい人だと思いませんか？

おめでとうございます。まだ気づいていないかもしれませんね。

みなさんはもうすでに**「地頭がいい人の考え方」ができるようになっているのです！**

しつける魔法

- **「しつける」は、自分にしっくりくるものを選んで使おう！**

「しつける」のまとめ

「しつける」のは一番最後（まるめる、ちいさくする、きづく、くらべるの後）

「しつける」はできるものからでOK

「しつける」前に数字をてなずけておく

半分にしたら1ケタになる2ケタの数字は、
「2倍と半分」計算法を使う

2ケタのかけ算は、1ケタの数字に分解して
急がば回れ算を使う

割り算も、1ケタの割り算に分解して計算するとラクできる

5が計算に出てきたら、2と10の計算にしてかわいくする

どうしてもしつけられないときは まるめるしつける算

まるめた数字に「強」「弱」をつけてざっくりの答えを出す

かけ算は、より頭の数が大きいほうの数字をまるめる（ズレが少ない）

正確性を捨てる

最初から「強」「弱」の答えを見つけにいこう

「しつける」は、自分にしっくりくるものを選んで使おう！

おわりに

あなたはもう、気づいているかもしれません。
「数字がこわい」という気持ちが、ほんの少しだけ、薄れているということに。

たしかにとげとげしていて、いまにも襲ってきそうな「こわい」数字もいます。乱暴で、不器用なヤツに見えました。

でも数字は、実は、そんなに悪いヤツではありません。
数字と向き合うほんの少しの「勇気」さえあれば……
かわいく、**あなたに「なついて」くれる存在**なんです。

本書では、学校の勉強の代わりに「数字がかわいくなる５つの魔法」を紹介しました。
困ったらとにかく「まるめる」。
大きい数字は「ちいさくする」。
数字の意味に「きづく」。
他の数字と「くらべる」。
そして、自分にわかりやすくするために、数字を「しつける」。

その先にいるのは、すっかりかわいくなった数字です。

かわいくて、頼もしい。
あなたの大切な仲間になってくれる、いいヤツだったんです。

みなさんはもう、数字がこわくなくなる準備ができています。
焦らずにゆっくりと、そして何より楽しく、数字と向き合ってみてください。

本書を読み終えた今日が、みなさんの大切な門出になります。
そんな記念日をともにできたことを、心から感謝いたします。

堀口智之

本書に登場する「数字がかわいくなる魔法」の計算法一覧表

「千・百万・十億・一兆」算　➔ P55

カンマの場所を暗記して数を速く数える

0だけ先に数える算　➔ P78

大きい数字の0だけを足し引きすることで、実質1ケタの計算に変える

漢字かけ算・漢字割り算　➔ P82

大きい数字の0を使わずに、「漢数字」を使ってかけ算・割り算をする。「大きい数字版九九」

「減少」と「差」の引き算　➔ P100

引き算を「減少」と「差」の2つのどちらかわかりやすいイメージでとらえる計算法

ざっくりぴったり算　➔ P104

まるめた数字でざっくり計算してから、まるめた分をぴったり調整する計算法

例 77+19＝77+20-1＝97-1＝96

1%10%計算法（1%10%50%計算法）　➔ P122

%の計算の前に、「1%」「10%」（「50%」）をあらかじめ計算しておくことで、ケタ間違いを防ぐ計算法

例「380円の20%引き」は？→380円の「10%」は38円なので、「20%」はその2倍。よって38×2=76円引き。

ケタ後回し計算法　➔ P128

先にケタを予想し、頭の数を計算してから、最後にケタをずらして調整する

ラクな計算法

例 1800万円の40%増は？　→18×4＝72。40%ということは50%より少し少ないくらいなので、900万の近く。7200万…720万…72万…の中で一番近い720万が答え。

「分ける」「回転数」「1基準」の割り算 →P133

割り算をの3つのうち一番わかりやすいイメージでとらえる計算法

秘密の「ともだち番号」 →P144

%と1ケタの数字の「唯一無二のともだち」を見つけて、面倒な計算を1ケタの計算に変える計算法

「2倍と半分」計算法 →P192

2ケタの数字を半分にして、1ケタを作り、代わりにもう片方の数字を2倍にして計算する計算法

例 18×12＝9×2×12＝9×24≒240弱（正確には216）

急がば回れ算 1ケタ分解 →P196

2ケタの数字を「九九」に分解して、1ケタずつ段階的に計算してラクをする計算法

例 13×21＝13×3×7＝39×7≒280弱（正確には273）

急がば回れ算 2と10変化 →P202

かけ算や割り算を「2」と「10」を使える形に変化させて、ラクに計算する計算法

例 25×5=25×10÷2=250÷2=125

まるめるしつける算 →P208

しつけきれない数字が出てきたときに、まるめてから「強」「弱」で答えを出すざっくり計算法

例 23×83≒23×80=1840強（正確には1909）

覚えるとすぐ役に立つガラパゴス計算法

本書で紹介できなかったいろいろな役に立つ計算法をご紹介しています。

税抜税込計算	消費税の計算は1ケタずらして足せ（消費税率10%のとき） 例 2,700円の税込は？ 2700＋270＝2970円
和歴西暦変換	いい双子の母祝う（11、25、88、18）を足そう 大正→11、昭和→25、平成→88、令和→18を足せば西暦が出せる 例 昭和50年生まれ。西暦は？ 50＋25（昭和の場合25を足す）＝1975年
平米坪変換	÷3.3 ⇒ ÷10×3 例 100平米の坪数は？ 100÷3.3⇒100÷10×3＝30坪
坪平米変換	×3.3 ⇒ ×10÷3 例 300坪の平米数は？ 300×3.3⇒300×10÷3＝1000㎡
月給から時給計算法	月給×0.6%（÷1000×6）で時給がわかる（÷170なので） 例 月給30万円のとき、月約170時間勤務の場合、時給いくらで働いたことになるか？ 30万÷170≒30万×0.6%＝1800円 ※1日8時間、1か月21日間勤務の場合
時給から月給計算法	時給÷0.6%で時給がわかる（×170なので） 例 時給3,000円で、月約170時間勤務の場合、月給いくらで働いたことになるか？ 3000×170≒3000÷0.6%＝50万円

年→月 変換	÷12→×8%で計算する 例 年1億円の売り上げの会社。月の売り上げは？ 1億÷12→1億×8%＝800万円
月→年 変換	×12→÷8%で計算する 例 月1,600万円の売り上げの会社。1年間の売り上げは？ 1600万×12→1600万÷8%＝2億円
年→日 変換	÷365→÷1,000×3（だいたい×0.27%）で計算する 例 1億円の売り上げのある店。1日あたりの売上高は？ 1億÷365→1億÷1000×3＝30万円
日→年 変換	×365→×1,000÷3（だいたい÷0.27%）で計算する 例 1日60万円の売り上げのある店。1年間の売上高は？ 60万×365→60万×1000÷3＝2億円
年→時 変換	÷8760→÷1万×1.1で計算する 例 1年間に1億円の売り上げのある店。1時間あたりの売上高は？ 1億÷8760→1億÷1万×1.1＝1.1万円
時→年 変換	×8760→×1万×0.9で計算する 例 1時間に2万円の売り上げのある店。1年間の売上高は？ 2万×8760→2万×1万×0.9＝1億8000万円
速さの変換 秒速→時速	秒速（m）→時速(km)は×3.6→×10÷3 例 秒速10mの風は、時速何km？ 10×3.6＝36km/h
速さの変換 時速→秒速	時速（km）→秒速(m)は÷3.6→÷10×3 例 時速50kmの車は、秒速何m？ 50÷3.6≒50÷10×3＝15m/s

［著者］
堀口智之
和から株式会社　代表取締役
1984年生まれ。新潟県出身。2010年「大人のための数学教室 和(なごみ)」を創業し、日本初の本格的な大人向けの数学教育事業を展開。その後、「数学コンプレックス」を取り去ることをテーマにした「大人の数トレ教室」を2016年にスタート。各種研修も含め累計受講者が1万人を突破する大人気教室となる。企業研修・大学での講演、番組出演多数。著書に『一瞬で数字をつかむ！「概算・暗算」トレーニング』（ベレ出版）などがある。

「数字がこわい」がなくなる本
――やればやるほど地頭がよくなる 難しい数字をシンプルにする習慣

2025年1月28日　第1刷発行
2025年4月1日　第3刷発行

著　者――堀口智之
発行所――ダイヤモンド社
〒150-8409　東京都渋谷区神宮前6-12-17
https://www.diamond.co.jp/
電話／03·5778·7233（編集）　03·5778·7240（販売）
装丁――西垂水敦・内田裕乃(krran)
イラスト――もじゃクッキー
本文デザイン―高橋明香(おかっぱ製作所)
本文DTP――エヴリ・シンク
校正――三森由紀子・くすのき舎
製作進行――ダイヤモンド・グラフィック社
印刷・製本―勇進印刷
編集担当――榛村光哲(m-shimmura@diamond.co.jp)

ISBN 978-4-478-12101-6